Gabriele Schneider

Hund und Katze gemeinsam halten zu Hause

Inhaltsverzeichnis

Einleitung 4

Hund und Katze – Geht das gut? 5
Wer mit wem? 7
Gemeinsamkeiten, Differenzen, Vergleiche 12
Hunde sind Rudeltiere, Katzen sind Einzelgänger 12
Hunde und Katzen sprechen eine völlig andere Sprache! Stimmt das? 12
Soldaten lieben Hunde, Künstler lieben Katzen! Stimmt das? 13
Literatur, Kurse, Seminare 13
Laufjäger, Schleichjäger 14
Geschichte, Erziehbarkeit 14
Zanken und Streiten 14

Anatomie 18
Gehirn 18
Gehör 19
Laufen 19
Riechen 20
Sehen 21
Schlaf 22
Schwitzen 22

Ernährung 24
Hund und Katze sind Feinschmecker! 24
Raubtiere 25
Fremde Schüsseln 25
Komplettfutter 26
Selbst gekocht 26
Ei 26
Knochen 26
Fasten 26
Wasser 27
Gras 27
Light- und Seniorfutter 27

Haltung, Pflege, Zubehör 28
Anschnallpflicht 28
Auslauf, Spiel, Beschäftigung 29
Gut versichert 29
Halsband, Leine, Kennzeichnung 30
Hundebett 32
Katzenklappen 32
Katze vermisst 33
Hund vermisst 33
Katzenklo 34
Katzenbett 34
Krallen 35
Kratzbaum 35
Wurmkuren 36
Zubehör im Überblick 37

Kosten 38

Erziehung und Tricks 40

Gesundheit 46

Die Sprache von Hund und Katze 48
Unterschiede 48
Gemeinsamkeiten 48

Zusammengewöhnen 54

Probleme und Lösungen 56
Nah-Kampf-Hähne 56
Hund frisst Katzenkot 56
Unsaubere Katze 56
Freche, Ohrfeigen verteilende Katze 57
Häusliche Regeln für allzu freche Hunde 58
Häusliche Regeln für freche Katzen 58
Leinenführigkeit beim Hund 59
Leinenführigkeit bei der Katze 59
Katze geht nicht an den Kratzbaum 60
Katze will ins Schlafzimmer 60
Katze steigt auf den Esstisch 61
Der Hund bleibt nicht auf seinem Platz 62
Hund kommt nicht auf Zuruf 63

Einleitung

Finden auch Sie Hunde und Katzen gleichermaßen faszinierend? Dann grübeln Sie nicht lange, nehmen Sie zwei! Die Zeit? Die Kosten? Die Verantwortung? Der Dreck? Okay, darüber lohnt es sich, nachzudenken. Vielleicht hilft dieses Büchlein, Zweifel zu beseitigen. Hund und Katze im gleichen Haushalt erhöhen garantiert die Lebensqualität um ein Vielfaches.
Denn: Wie sagte Heinz Rühmann: „Man kann auch ohne Hund leben, es lohnt nur nicht!“
Und wie sagte Rainer Maria Rilke: „Das Leben und eine Katze, das ist eine unglaubliche Summe“.
Also bitte, addieren Sie eins und eins...
oder zwei und eins... oder zwei und zwei...

Zwei, die oftmals sehr gut miteinander leben können. »

Hund und Katze – Geht das gut?

» Es ist die mentale Stärke und nicht die körperliche, die im Regelfall die Katze und nicht den Hund Chef sein lässt.

Hunde fallen nicht vom Himmel. Wer sich für den Hund als Begleiter und Mitbewohner entscheidet, der bereitet sich im Normalfall (und hoffentlich) gut vor. Er studiert Verhaltensbücher, liest Rassebeschreibungen, besucht Hundeausstellungen oder schaut einmal, zweimal, viermal beim Tierheim vorbei. Liest Erziehungsbücher, erkundigt sich nach Züchtern, interviewt die Halter entsprechender Rassen und Typen, inspiziert Hundeschulen und durchforstet das Internet nach seinem Traumgefährten mit dem wedelnden Schwanz.

Katzen fallen auch nicht vom Himmel, aber oft einfach mit der Tür ins Haus. Obwohl! Bei den Bergknapps zum Beispiel fiel Simba direkt von ganz hoch oben vor die Beine ihres künftigen Herrchens, in der Fabrik, am Arbeitsplatz, aus dem Regal, wo die weniger oft benötigten Ersatzteile lagern.

In ländlichen Gegenden, in den Vorstädten, in den Neubausiedlungen, stehen Katzen oftmals einfach da, betteln um ein wenig Aufmerksamkeit... ... und bleiben ein Leben oder einen Lebensabschnitt lang.
So mancher Tierfreund, der Katzen nicht ohnehin kategorisch ablehnt (und gerade bei so einem schmeicheln sie sich am liebsten ein!), muss sich dann fragen: Wie, sag ich's meinem Hunde?

Die meisten Wuffis sind von Frechheiten, wie sie Katzen bei der Eroberung eines neuen Heimes an den Tag legen, derart verblüfft, dass sie gar nichts „sagen"…. dass eine Akzeptanz von Anfang an da ist, dass man sich zunächst heimlich, ganz unauffällig von der Seite beobachtet, dann langsam die Nähe des anderen sucht, sich vorsichtig beschnüffelt, und schließlich zur Tagesordnung übergeht. Aus diesen beiden wird, wenn nicht ein liebendes Paar dann zumindest eine sich gegenseitig tolerierende Gemeinschaft.

Schwieriger wird es, wenn die Katze den Jagdtrieb des Hundes weckt, wobei die Jagd im eigenen Haus, wenn der Grundgehorsam beim Haushund sitzt, kaum ein Thema sein dürfte. Ein energisches „NEIN!", ein Verweis auf den Platz, unterstrichen durch ein tolles Leckerchen, wenn es funktioniert, oder durch Patrouillieren in der Nähe des Hundeplatzes und sofortiger Reaktion „Bleib!!!", wenn es nicht funktioniert.....

Das schafft Klarheit. Der Boss des Hauses, ob nun wahnsinnig oder nicht, hat entschieden, ein Katzentier aufzunehmen, und der Hund hat sich gefälligst dreinzufügen. „Meine Katze, brave Katze!" hat der Hund zu akzeptieren, basta!

Wasti, der Dackel der Bergknapps, akzeptierte Simba problemlos. Zuerst haben sie Hund und Katze allerdings getrennt. Aber als sie in den Urlaub fuhren und die Großmutter mit dem bäuerlichen Geblüt die beiden und die Blumen versorgte, war Schluss mit dem Gefackel. Sie ließ die Türen offen stehen und siehe da, es herrschte Friede. Oma hatte Glück, es hätte auch böse enden können.

» Drei hartnäckige Couch-Besetzer! Wo wird Herrchen nun sein Nickerchen halten?

» **Ein idealer Ort, um die Waffen zu schärfen und Düfte zu hinterlassen. Ein gut erzogener Hund wagt solche Dinge im Haus nicht.**

Oder es geht ab wie bei Bärli, Siam und Garfunkel? Bärli der Rauhaardackel zog mit Herrchen zur neuen Frau in einen Haushalt mit zwei Katern, und die nächsten drei Monate waren geritzt, für die Fitness von Bärli und gegen die Langeweile der Katzen. Eine Hetzjagd jagte die nächste. Aber wenn Hund und Katzen getrennt weggesperrt wurden, dann war's erst recht nicht recht. Dann winselte der Hund und die Kater miauten kläglich. Auf ein neues Halali, hieß die Devise! Doch als Siam, der Rassekater, Bärli etwas vom köstlichen Katzenschmaus übrig lies und Bärli Siams Napf auslecken durfte, war der Bann gebrochen. Die beiden wurden Freunde und gingen fortan allmorgentlich gemeinsam auf den Briefträger los. Der andere, Hauskater Garfunkel, liebte den Hund sein Leben lang nicht, aber man respektierte sich, ging in weitem Bogen um den anderen herum. Auch gut!

Wer Hund und Katze gut geplant und absichtlich vergesellschaften und nichts dem Zufall überlassen möchte, der ist mit zwei sehr jungen Tieren am besten beraten. Da wiegt die Neugier alles andere auf, da ist der Leichtsinn stärker als die Furcht, da gibt es keine Vorurteile.

Wer mit wem?

Jung gefreit hat nie gereut. Wenn ein Hundewelpe oder ein Katzenwelpe noch in der Prägephase (3. bis 12./ 16. Woche) Kontakt zur anderen Tierart bekommt, dann klappt es wie am Schnürchen. Es ist also das Beste, sich einen Züchter zu suchen, der das Hündchen bereits mit Katzen konfrontiert oder das Kätzchen bereits auf Hunde eingeschworen hat. Bauernhof-Katzen wissen, was ein Hund ist, haben aber zuweilen die Erfahrung gemacht, dass man sich besser aufs Scheunendach rettet. Eine Bauernhof-Katze kann also unproblematisch aber auch „vorbelastet“ sein. Oft sind die Stallkatzen auch schlecht auf Menschen geprägt und wollen sich so gar nicht ins zivilisierte Leben integrieren.

Aber auch ältere Jungtiere bis zum vierten Monat, je nach Reife sogar bis zum siebten oder achten Monat, oder Hunde, die nie richtig erwachsen werden wie manche Labradore, Golden Retriever, Deutsche Schäferhunde oder Beagle, lassen sich meistens problemlos zusammenwürfeln. Ein Spielkamerad ist immer willkommen, auch wenn er etwas aus der Art schlägt. Besser ein komischer Freund als gar keiner. Und wenn das Gehirn noch frei von schlechten Erfahrungen mit blitzenden Hundezähnen oder messerscharfen Katzenkrallen ist, dann ist gut Freundschaft schließen.

Bei älteren Hundedamen kann der Mutterinstinkt erwachen, wenn ein junges Kätzchen ins Haus kommt. So mancher einsamen Hunde-Dame schoss die Milch in die Zitzen, beim Anblick eines Katzenbabys. Es wurde zur Brust genommen und gestillt, als wäre es das eigene kind. Es wurde sogar im Maul herumgetragen (und die Besitzer werden noch Jahre danach leichenblass, wenn sie daran denken). Katzen-Damen können auch sehr mütterlich sein. Sie bringen dem neu hinzugezogenen Hundewelpen als Sympathiebeweis tote oder lebende Mäuse von draußen mit, sehr zur Freude der Hausfrau.

» **Verwöhnte Tiere, die vorher der große Schatz ihrer Besitzer Waren, verzichten nicht gerne auf Privilegien. Da könnte ja jeder kommen...**
Um sie aneinander zu gewöhnen, ist viel Einfühlungsvermögen nötig.

Die größten Schwierigkeiten bereiten vermutlich zwei verwöhnte erwachsene Tiere, die bislang „King Dog" und „King Cat" waren. Oh weh, wenn Herrchen und Frauchen beschließen, den Haushalt zu vereinen und Liebes-Ressourcen an „dahergelaufenes Viehzeug" verschwenden, dann muss geteilt werden und daran entzweien sich die Tier-Seelen. Doch Seelen sind wie Socken. Man kann sie flicken.

So mancher Tierheimhund trägt das Prädikat „katzenverträglich" und die eine oder andere Katze wird mit den Worten „an Hunde gewöhnt" angeboten. Aber Vorsicht! Solche Vorschuss-Lorbeeren gelten nicht uneingeschränkt.... So manche Katze kann den einen Hund gut leiden, aber einen anderen um die Bohne nicht ausstehen... und so mancher Hund steht zum Beispiel ausnahmslos auf rote Katzen, bei grauen, schwarzen und schwarz-weißen sieht er rot. Warum das so ist? Vermutlich hat es mit Gewöhnung und Prägung zu tun.

Hütehunde, Schäferhunde, Hofhunde und Molosser-Abkömmlinge sind genetisch darauf disponiert, auf alles, was zu Haus und Hof gehört, auch auf das lebende Inventar, aufzupassen. Unter Australian Shepherd, Berger Briard, Boxer, Bulldog, Collie, Corgie, Dogge, Mops, Rottweiler, Sennenhund, Sheltie etc., um nur einige wenige Rassen zu nennen, herrscht weitgehend Eintracht im gemeinsamen Haushalt mit Katzen. Auch wenn der treue Hüter draußen zuweilen seinen Jagdtrieb an Katzen auslebt – drinnen sind sie Teil des Besitzes und werden bewacht wie die Kronjuwelen… und wehe, wenn ein fremder Hund glaubt, Rex'ens eigene Mieze scheuchen zu können, dann setzt es Bisse. Bei solchen Rassen dauert es oft nur kurze Zeit, bis sich Hund und Katze arrangieren, bis der „Burgfriede", also die Verträglichkeit mit artfremden Tieren im eigenen Haus, einzieht. Allerdings: Unterbeschäftigte Hütehunde, wie beispielsweise Border Collies, neigen dazu, die Katze des Hauses zu „hüten". Dass Maunzi darüber wenig „amused" sein dürfte, lässt sich denken.

Schoßhunde wie Malteser, Bologneser, Mops, Pekingese, Chihuahua, Shih Tzu etc. sind in der Regel unproblematisch beim Zusammenleben mit Katzen. Sie sind klein und klug und werden es wohl kaum auf einen Kampf mit der Katze ankommen lassen. Und Feinde, die man nicht besiegen kann, mit denen soll man sich verbinden.

Der Einzug einer Katze in das Revier von Jagdhunden, Schlittenhunden oder Windhunden ist schon problematischer und erfordert von den menschlichen Akteuren Diplomatie. Vor allem aber gilt es zu vermeiden, dass der eine vor dem anderen Reißaus nehmen kann. Meistens ist es ja die Katze, die Versengeld gibt; aber ich habe auch Hunde schreiend vor der Katze flliehen gesehen. Damit das von Anfang an nicht passieren kann, sollten Katze und Hund kontrolliert zusammengeführt werden (siehe Seite 54 ff.) Beim ersten Beschnuppern ist der Mensch dabei, hält Hund und Katze so sicher fest, dass es weder zu einer Flucht noch zu einer Keilerei kommen kann.

» Auch wenn der Rex im eigenen Hause sehr sanft und liebevoll mit der Katze umgeht, die fremden Tiger im Revier dürfen Fersengeld geben. So ist das eben, im Hunde-und Katzenleben.

» **Kugelrunde Wonneproppen der Rassen British Kurzhaar oder Perser marschieren manchmal sehr selbstbewusst ins Haus hinein.**

Terrier, Pinscher, Bichons oder Spitze sind Katzen oft zu hektisch, kläfferig und nervös. Irgendwie ist diese aufgeregte Art nicht jeder Katze Sache. Dennoch gibt es in vielen Haushalten Schlafkörbchen, in denen Terrier und Katze in trauter Eintracht ruhen. Es ist immer eine Frage der einzelnen Individuen. Und so manche Katze hat schon einem Terrier den Mores gelehrt. In diesem Zusammenhang sollte noch eine Lanze für Spitze gebrochen werden. Die Rasse ist völlig zu Unrecht in Verruf. Spitze sind die anpassungsfähigsten Hunde, die es gibt. Ein Nein ist beim Spitz ein Nein und wird nicht ständig hinterfragt, wie beispielsweise beim Terrier.

Den Perser-Katzen und den British Kurzhaar mit ihrem ruhigen Wesen und ihrer Selbstgefälligkeit gelingt es häufig, als – sozusagen – Neutrum in die Welt eines Hundes beinahe unbemerkt hineinzumarschieren. Wie sie das tun, so ohne Hektik und ohne Angst, mit der größtmöglichen Selbstverständlichkeit, ist erstaunlich und beinahe beneidenswert. So mancher katzenfeindliche Hund hat solche Katzenrassen akzeptiert, ohne auch nur mit der Wimper zu zucken. Man darf sich zwar nicht darauf verlassen, aber es kommt häufiger vor als man denkt.

Ob männliches und weibliches Tier oder ein gleichgeschlechtliches Duo besser zueinander passen, da gibt's keine Regel. Die Erfolgsformel lautet eher: Der Hund, egal ob Rüde oder Hündin, braucht einen guten Grundgehorsam und muss auf den Platzbefehl hören. Und die Katze, die auf erhöhtem Posten sitzt und von dort oben zuschlagen will, braucht ein strenges Verbot. Notfalls muss dieser erhabene Platz abgeschafft, verrammelt, der Katze verleidet werden.
Wenn die Unversöhnlichkeit mehr als vier Monate anhält, dann heißt es, Abschied nehmen. Aber von wem? Katzen, so weiß es der Kenner, sind stark ans Revier gebunden. Wer also einen guten Nachbarn findet, der die Katze nimmt, hat eine salomonische Lösung parat. Falls einem der beiden Streithähne aber das Tierheim droht: Den Aufenthalt dort verkraftet ein Hund besser; Katzen leiden sehr unter der Gesellschaft und der Lautstärke im Tierheim und haben schlechtere Vermittlungs-Chancen. Übrigens: Freilaufkatzen „packen" manchmal ganz von selbst und freiwlllig „die Koffer" und gehen fort, in ein ruhigeres Zuhause, fern ab von Hund und Krieg.

Gemeinsamkeiten, Differenzen, Vergleiche

Hunde und Katzen oder vielmehr deren Stammeltern, die Wölfe und die Falbkatzen, waren ursprünglich sehr verschieden. Manches hob die Domestikation einfach auf, manche Unterschiede blieben. Hier eine kleine Auswahl:

Hunde sind Rudeltiere, Katzen sind Einzelgänger! Stimmt das?

Hunde lieben und brauchen die Sicherheit und Geborgenheit im Rudel. Auch wenn sie sich als Solitär-Jäger mit Mäusefang und Mülltonnen-Raub über Wasser halten könnten, streben sie nach Gemeinschaft. Für ein Leben im Rudel sind sie bereit, sich auch mit Katzen zu arrangieren. Katzen brauchen eigentlich Niemanden. Doch frei lebende Katzen zeigen uns, dass sie die soziale Gruppe einem Single-Dasein vorziehen, wenn ein Profit fürs Leben dabei herausschaut. An wild lebenden Katzenpopulationen wurde beobachtet, dass sich Katzenmütter – wie das auch beim Rudeltier Hund der Fall ist – bei der Erziehung, Bewachung und Versorgung der Jungen gegenseitig helfen. Sie haben also Gemeinsamkeiten, die beiden. Die größte Gemeinsamkeit ist aber, dass sie die Vorteile einer Beziehung sehen und nützen.

Hunde und Katzen sprechen eine völlig andere Sprache! Stimmt das?

Sozial lebende Tiere wie Hund und Katze haben eine Sprache, die sowohl aus Lauten als auch aus Körpersignalen und aus Mimik und Gestik besteht. Beide benützen die gleichen Kanäle, haben auch hin und wieder eine übereinstimmende Kommunikation, aber es gibt einige Körpersignale, die völlig identisch aussehen aber völlig konträr zu verstehen sind (und vom anderen Tier zunächst auch falsch verstanden werden). Hunde und Katzen sind jedoch schlau genug, solche Sprachbarrieren zu überwinden. Katzen seien bedeutend einsilbiger, weil sie als Einzelgänger nicht diese ausgeprägte Verständigungsform brauchten, heißt es. Aber: Wie sehr haben wir Menschen durch Zucht und

Charmant, gesellig und verspielt seien alle Katzen der Rasse Heilige Birma. Gute Voraussetzungen für ein Zusammenleben mit dem Hund.

sonstige „Schönheitskorrekturen“ (lange Haare über dem Gesicht, Kupieren der Rute, Faltenbildung der Haut, eingedrückte Schnauzen, ständig hoch getragene Ruten etc.) manche Hunde derart um ihre Sprache beraubt, dass auch sie sehr viel weniger Ausdrucksmöglichkeiten haben.

Soldaten lieben Hunde, Künstler lieben Katzen! Stimmt das?

Hunde und Katzen sind die einzigen Tiere, die sich aus freien Stücken dazu entschlossen haben, mit uns zu leben – mit uns und nicht neben uns. Wir sollten unendlich dankbar dafür sein, dass so völlig andersartige Wesen unsere Gesellschaft schätzen, ja mehr noch, dass sie unsere Gesellschaft teilweise sogar der ihrer eigenen Artgenossen vorziehen. Daraus ergibt sich für uns Menschen die Verpflichtung, Hunden und Katzen ein einigermaßen artgerechtes Lebens zu ermöglichen, sie nicht als Unterhaltungsfaktor, Ersatzpartner oder Gebrauchsgegenstand zu missbrauchen und für ihre Bedürfnisse zu sorgen. Und als die intelligenteren Wesen haben wir die Verpflichtung, uns über ihr Verhalten schlau zu machen und uns die Kommunikation der Tiere zu erschließen. Dazu gibt es heute eine Menge Möglichkeiten.

Literatur, Kurse, Seminare

Wer mit seinem Hund nur im Kasernenhofton kommunizieren kann, der bringt sich um viele Facetten einer problemfreien und entspannten Partnerschaft, und wer für seine Katze nur den Dosenöffner, den Bewunderer und den Lakaien spielt, der muss sich über Verhaltensauffälligkeiten der Katze nicht wundern. Katzen sind zwar unerziehbar, aber sie brauchen Grenzen. Und die setzt ihr „Hausherr“genauso konsequent wie beim Hund! Nur: Ein unerzogener Hund ist nicht nur für seinen Halter, sondern für viele eine Gefahr. Eine ungezogene Katze stellt höchstens den Haushalt auf den Kopf.

Laufjäger, Schleichjäger

Hunde verfolgen ihre Beute bis diese ermüdet. Katzen schleichen sich an. Aber: Nehmen wir zum Beispiel die Mäusejagd. Hier werden auch Hunde zu Schleichkatzen. Die Katze würde sich jedoch niemals herablassen, Mäuse auszugraben. Kann sie auch nicht! Dafür sind ihre Pfoten zu zart, zu filigran. Sie hat Zeit und wartet. Der Hund wartet nicht. Er nützt seine Werkzeuge, er kann buddeln bis er sich die Mahlzeit selbst serviert hat. Der Mäuselsprung, also der Zugriff, ist bei Hund und Katze identisch. Beim Tötungsakt scheiden sich wieder die Geister: Hunde töten Kleintiere blitzschnell, Katzen lassen sich Zeit.

Geschichte, Erziehbarkeit

Hunde sind diejenigen Haustiere, die die längste Zeit mit uns Menschen leben, die ältesten domestizierten Haustiere überhaupt. Einige Forscher sprechen heute von mindestens 25 000, andere halten sogar 150 000 Jahre, in denen uns der Hund begleitet, für wahrscheinlich. Schon als wir Nomaden waren, zogen Hunde mit uns. Katzen hingegen suchten unsere Nähe erst, als wir Getreide anbauten und Mäuse anlockten (wissenschaftliche Nachweise dafür gibt es seit etwa 6 000 v. Chr.). Dies mag ein Grund sein, warum Hunde uns näherstehen, warum sie angepasster sind als Katzen. Hunde lernen, um uns und sich eine Freude zu machen, um Futter zu bekommen und um Konflikte zu vermeiden. Katzen lernen, um sich eine Freude zu machen, um Futter zu bekommen und um Konflikte zu vermeiden. Wer dies weiß, der kann Hunden und Katzen eine Menge beibringen.

» Na, wenn das kein Liebesbeweis ist?

Zanken und Streiten

Revier-, Ressourcen- und Paarungskämpfe kommen sowohl bei Hunden als auch bei Katzen vor. Hier tun sich die männlichen Geschlechter zumeist als streitsüchtiger hervor. Lebten Hund und Katze wie ihre wilden Vorfahren, würde nur der überleben, der körperliche Fitness besitzt und die kann er am besten im Kampf unter Beweis stellen. Kastrierte Hunde und Katzen bleiben von Kämpfen keinesfalls verschont. Sie streiten eben um das Territorium, um den besten Sitzplatz, das leckerste Bröckchen, ein Spielzeug etc... Freigänger unter den kastrierten Katern beziehen genauso ihre Ohrfeigen von anderen Katern wie potente Kerle. Von früh kastrierten Hunden wird berichtet, dass sie wesentlich führiger und ruhiger sind als ihre potenten Artgenossen (und von einigen typischen Krankheiten der Geschlechtsorgane verschont bleiben) und von kastrierten Freilauf-Katern weiß man heute, dass sie kleinere Reviere begehen und dadurch etwas weniger Feindesland durchlaufen.

Anatomie

Hund und Katze gehören zur Gruppe der „Großen Raubtiere“, sind also Fleischfresser. Ihr Gebiss ist sehr ähnlich, wobei Katzen 30, Hunde 42 Zähne besitzen. Die vier großen Fangzähne (Eckzähne) dienen dem Fassen und erlegen der Beute, der Rest dem Aufreißen und Zermahlen. Hunde nehmen notfalls auch Aas zu sich, Katzen sind dafür bekannt, dass sie ihr Essen frisch verzehren. Bei Haustieren hat sich dieser Unterschied mittlerweile relativiert. Beide Arten sind, wie wir wissen, mit Dosen und Trockenfutter zufrieden.

» **Die Sinnesleistungen von Katze und Hund sind viel besser als beim Menschen. Wenn sie uns auf etwas aufmerksam machen, dann ist auch etwas im Busch, auch wenn wir Menschen noch lange nichts bemerken.**

Gehirn

Domestizierte Tiere besitzen ein weitaus kleineres Gehirn als ihre wildlebenden Verwandten. Beim Hund hat sich die Gehirnmasse um ein Drittel, bei der Katze lediglich um ein Fünftel reduziert. Und wie zum Beweis ist die Katze auch wesentlich näher noch am Kern der Vorfahren als der Hund, hat sich ihre Wildheit besser erhalten als der Hund und ist viel schneller bereit, zuzuhauen und zuzubeißen. Oh, wenn die Katzen größer wären? Viel öfters als Hunde stünden Sie auf der Titelseite der Zeitung. Und wo stünden sie noch? Als Kampfkatzen auf der Gefahrenliste der Politiker.

» **Ach wie ist es schön, auf Mäusejagd zu gehen. Da vergessen Hund und Katze die Welt um sich herum. Während die Schleichjägerin Katze leise lauert, gräbt der Laufjäger Hund das Häppchen lieber aus.**

Gehör

Katzen und Hunde hören zwar nicht das Gras wachsen, aber die Mäuse wispern. Ihr Hörvermögen übersteigt das unsere bei Weitem. Hunde vernehmen hohe Töne bis 35, Katzen sogar bis 50 Kilohertz. Wir nehmen nur Schwingungen bis 20 Kilohertz wahr. Die Töne hallen in den Ohren der Tiere richtiggehend wider. Wir dürfen uns also ruhig vorstellen, wie es sich anfühlt, wenn wir die Musik aufdrehen oder den Topfdeckel fallen lassen. Das Orten der Beute beherrschen Katzen noch präziser als Hunde. Manchmal hören Hunde und Katzen gar nicht, etwa, wenn sie sich mitten im Jagdfieber oder in einem anderen spannenden Programm befinden. Übrigens: Beide Tiere sind in der Lage, sich perfekt zu konzentrieren und jedes Ohr einzeln zu bewegen.

Laufen

Hund und Katze sind Zehengänger, das heißt: Ihr Fuß geht bis dorthin, wo wir das Knie haben. Das Gehen auf den Zehen verleiht ihnen diesen einzigartigen, geschmeidigen Gang. Die Anzahl der Zehen ist bei Hund und Katze gleich: vorne fünf, hinten vier. Katzen können, wie jeder weiß, im Gegensatz zu Hunden die Krallen einziehen. So schont die Katze ihre beim Schlagen der Beute so dringend benötigten Werkzeuge.

Riechen

Was die Nase anlangt, da haben uns der Hund und die der Katze einiges voraus. Die Nase der Hunde ist 50-mal besser als die des Menschen, die der Katze immerhin noch 30-mal. Die Welt von Hund und Katze ist deshalb vorwiegend ein Geruchsatlas. Hund und Katze tauschen unter sich über Schweiß- und Talgdrüsen an den Fußballen, am Anus, am Maul, an den Geschlechtsorganen etc. diverse Informationen aus, beispielsweise über Geschlecht, Anwesenheit, hormonellen Status, Rang. Hunde wie auch Katzen markieren deshalb ihr Revier. Die gegenseitige Geruchskontrolle aber verläuft bei Hunden und Katzen völlig unterschiedlich. Katzen fürchten die Annäherung von hinten, Hunde mögen die Vorderansicht des anderen nicht so gerne, weil im Maul, die Waffen (Zähne) stecken. Dieses Begrüßungsritual führt zwischen Hund und Katze zu den häufigsten Missverständnissen. Hund und Katze haben wie viele Tiere ein zusätzliches Geruchsinstrument. Mit dem Jacobsonschen Organ können Hund und Katze Düfte schmecken. Sie drücken dabei die Zunge an den Gaumen und flehmen. Dabei zeigen sie die Zähne als würden sie grinsen.

Sehen

Das Auge von Hund und Katze ist auf Bewegung spezialisiert. Starr stehende Objekte und kleine Details können sie nur schwer wahrnehmen oder erkennen. Der Hund hat den besseren Weitblick und sieht schärfer, je weiter das Objekt entfernt ist. Die Katze ist dem Hund beim räumlichen Sehen und beim Anvisieren der Beute voraus. Katzen können ihren Beutesprung also noch zielgenauer setzen als Hunde und haben eine bessere Tiefenwahrnehmung, können Höhen besser einschätzen. Der Hund ist also nicht etwa doof, wenn er einen viel zu riskanten Sprung in die Tiefe wagt, sondern ein Opfer seiner schlechten Augen. Die Pupille des Hundes ist immer rund, die der Katze kann sich bei grellem Licht zu einen Schlitz verengen. Beide Tiere sind farbenblind. Sie sehen beinahe wie ein Taucher. Rot wird braungrau, gelb und grün werden weiß. Violett, türkis und blau bleiben erhalten. Wussten Sie übrigens, dass die Lieblingsfarbe der Katzen blau ist? Forscher des Instituts für Zoologie der Uni Mainz haben dies in 2000 Versuchen herausgefunden. Und wussten Sie außerdem, dass Hunde den roten Ball in der grünen Wiese kaum erkennen können? Ein weißer Ball wäre für sie sehr viel leichter auszumachen. Die Augen besitzen den sogenannten Restlichtverstärker, eine Schicht aus reflektierenden Modulen, die das spärliche Licht auf die Netzhaut zurückwerfen. Dies ermöglicht beiden eine bessere Nachtsicht, und wir sehen im Scheinwerferlicht diesen Reflektor wie ein Licht leuchten. Beide Tiere haben auch ein drittes Augenlid, die Nickhaut. Sie reinigt und schützt das Auge zusätzlich. Sind Hund oder Katze krank oder verwundet, ist also ihr Immunsystem geschwächt, so schiebt sich dieses helle Häutchen von unten hervor.

» **Ohren und Nase von Hund und Katze sind ware Hochleistungsinstrumente. Kein Wunder, denn die Welt der Jäger ist still und voller feiner Duftspuren. Laute Musik, Lärm, Parfüm, Teergeruch oder Motorengestank quält die Tiere.**

» Wer gemeinsam ruht, der versteht sich wirklich gut.

Schlaf

Katzen verschlafen gut 70 Prozent ihres Lebens, Hunde können, wenn sie gefordert werden, 70 Prozent ihres Lebens arbeiten und mit einem kurzen tiefen Schlaf sofort regenerieren. Unsere beschäftigungslosen Wohlstandswuffis allerdings tun es den Katzen gleich. Dreimal täglich mindestens eine Stunde Auslauf braucht der Hund unbedingt zu seiner Zufriedenheit, und die gelangweilte Wohnungskatze möchte bitte ihre regelmäßigen 30 Spielminuten, morgens nach dem Aufwachen und abends vor dem Schlafengehen.

Schwitzen

Kann weder Hund noch Katze. Mit dem Schweißdrüsen auf den Ballen hinterlassen sie aber ihre Fußspuren (auf dem Untersuchungstisch des Tierarztes beispielsweise können wir sie sehen). Hunde kühlen sich meistens durch Hecheln, Katzen tragen Speichel aufs Fell auf, um durch das Verdampfen der Feuchtigkeit Kühlung zu bekommen. Bei Hitze kühlt man sich gern auf der schattigen Erde oder auf dem Steinboden den Bauch. Gelegentliche Sonnenbäder sind bei Hund und Katze gleichermaßen beliebt und gesund.

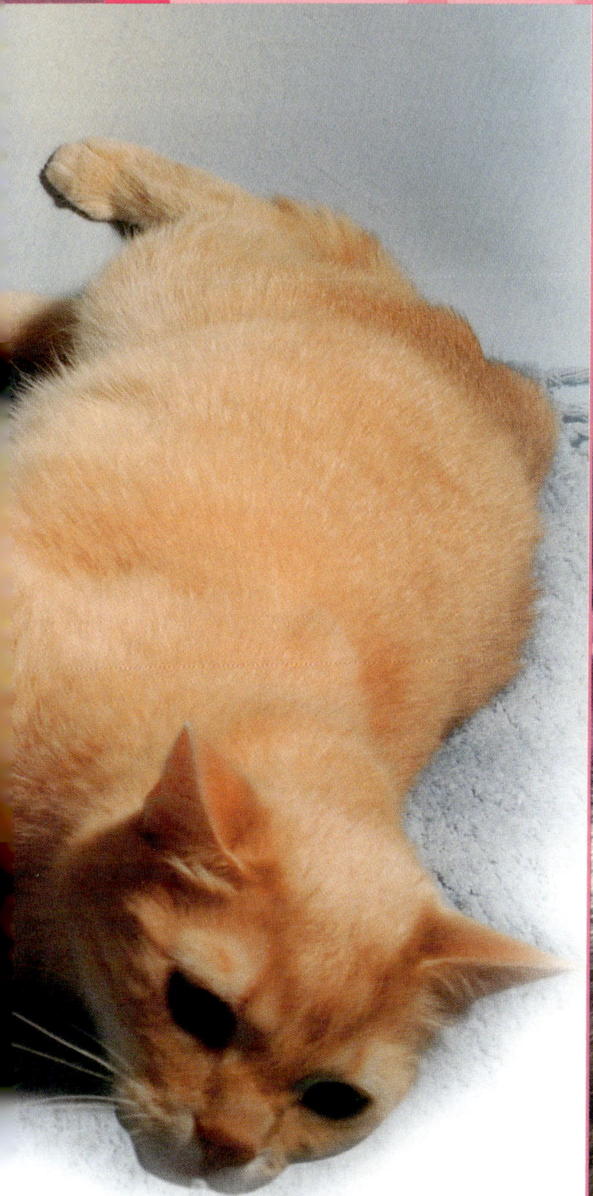

» Es gibt Sprachbarrieren zwischen Hund und Katze, die nicht unüberwindbar sind. Eine davon ist die Rückenlage.
Beim Hund bedeutet sie Unterwerfung, bei der Katze Vorsicht – so kann sie mit allen Vieren gleichzeitig zuschlagen.

Ernährung

Hund und Katze sind Feinschmecker!

Auch wenn sie nur ein Sechstel unserer Geschmacksknospen pro Quadratmillimeter Zunge haben, das Hunde- und das Katzennäschen sagt seinem Besitzer untrüglich, was schmeckt und was nicht. Weil das so ist, wird Futter, das in der Gegend herumsteht, schnell uninteressant. Bei Katzen hat es sich eingebürgert, dass sie Futter stets verfügbar haben, aber bitte in geringen Mengen. Richtig wäre es, nur zu bestimmten Zeiten zu speisen. Kein „Raubtier“ rechnet damit, dass Futter stets parat steht.

Der Trockenfutter-Vorrat muss immer luftdicht verschlossen sein und an einem kühlen, dunklen Ort aufbewahrt werden. Auch große Vorratswirtschaft empfiehlt sich nicht. Zum einen schwinden die Vitamine, zum anderen nisten sich Milben ein, die Allergie auslösend sein können. Auch ranziges Futter ist nicht gesund für Magen und Darm. Essensreste des Hundes sollten sofort weggeräumt werden.

Raubtiere

Hund und Katze brauchen Fleisch. Allerdings nehmen die Beutegreifer mit ihren Opfern auch pflanzliche Nahrung auf, der Hund wesentlich mehr als die Katze. Das Futter der Hunde sollte deshalb, je nachdem wie häufig er sich bewegt, zu etwa 60 Prozent aus Fleisch und zu 40 Prozent aus Beilage (Flocken mit Reis, Mais, Kartoffeln, Gemüse) bestehen.

Katzennahrung darf zu 80 Prozent fleischlich und zu 20 Prozent pflanzlich sein. Wenn Hunde ausschließlich Katzenfutter fressen und Katzen Tag für Tag Hundefutter erhalten, dann zeigen sie nach Monaten erhebliche Mangelerscheinungen. Katzen werden sogar krank (weil ihnen Taurin, Vitamin A und Niacin fehlt). Hunde werden schneller fett (und dadurch nach einiger Zeit ebenfalls krank). Nierenschäden sind häufig Spätfolgen einer falschen Fütterung.

Fremde Schüsseln

Bleiben Sie dabei, wenn die Tierschaften zu Tisch gebeten werden, dann behalten Sie die Kontrolle, dass jeder das Seinige frisst. Hin und wieder ein bisserl naschen aus dem Napf des anderen, das ist kein Drama. Oder doch? Bei futterneidischen Hunden kann das sogar lebensgefährlich für die Katze sein. Andererseits finden sich Hunde und Katzen sympathischer, wenn sie deren Schüsselchen auslecken dürfen. Wenn der Hund der Katze allerdings ständig das Futter wegfrisst, und das NEIN seines Besitzers nicht akzeptieren will, dann kann die Fütterung der Katze an einem erhöhten Platz erfolgen. Besser ist es aber, den Grundgehorsam des Hundes zu verbessern.

» **Auf Dauer sollten Hunde und Katzen nicht das gleiche Futter bekommen, denn die Katze benötigt eine andere Nahrungszusammenstellung als der Hund. Wenn gelegentlich oder auch öfters mal aus dem fremden Napf genascht wird, ist dies kein Problem.**

Komplettfutter

Die Zusammensetzung der handelsüblichen Allein-Futter für Hund bzw. Katze ist ideal auf den jeweiligen Konsumenten abgestimmt. Wer es täglich verabreicht (immer vorausgesetzt, es ist von einem seriösen Hersteller, frisch, ohne Milben, gut gelagert und bei Trockenfutter mit der erforderlichen Menge Flüssigkeit dargeboten), der macht auf Dauer nichts falsch. Wer die Nahrung selbst zubereitet, der muss sich gut informieren, und wer hin und wieder die Marke wechselt, der sollte Neues, Unbekanntes peu à peu beimischen, also kein „Hau rein!“, wenn ein ungewohntes Nahrungsmittel serviert wird. Raubtiere sind übrigens meistens auf eine bestimmte Beute spezialisiert; sie vermissen die Abwechslung nicht.

Selbst gekocht

Schmackhafter ist natürlich Frisches vom Metzger. Ahhh, wie das riecht! Da läuft unseren kleinen Kostgängern schon bei der Zubereitung das Wasser im Munde zusammen. Doch Vorsicht! Es ist schwierig, auf Dauer das Essen so zu kombinieren, dass eine Versorgung mit allen wichtigen Nährstoffen, Vitaminen, Spurenelementen und Mineralien gewährleistet ist. Ein guter Futter-Koch muss sich selbst mit Fachliteratur und Fachwissen ausreichend „füttern“. Vorsicht auch bei rohem Fleisch. Im Schwein kann das Aujeszkysche Virus stecken; eine Infektion führt bei Hund und Katze unweigerlich zum Tode. Geflügel könnte mit Salmonellen befallen sein. Zu Vorzügen und Risiken von rohem Fleisch fragen Sie Ihren Tierarzt. Die Meinungen der Experten sind allerdings konträr.

Ei

Rohes Eigelb nehmen sowohl Hund als auch Katze hin und wieder gern zu sich; mehr als ein Mal die Woche sollte es aber nicht sein. Rohes Eiweiß enthält einen Vitamin B-Killer. Zu viel davon ist also ungesund, vor allem dann, wenn es das Tier zusätzlich zum Alleinfutter bekommt. Das Eigelb dagegen enthält eine Menge Vitamine und Spurenelemente.

Knochen

Auch wenn er sie liebt: Knochen von Speiseresten sind für den Hund gefährlich. Verstopfungen sind die Folge, oder schlimmer, ein Darmverschluss, wenn die verschluckten Brocken zu groß waren. Getrocknete Kauartikel aus dem Fachhandel sind besser geeignet. Die Katze geht mit Knochen geschickter um. Sie liebt es, das Fleisch behutsam abzunagen (und das reinigt schön die Zähne).

Fasten

Fastentage sind unnötig. Im zivilisierten Haushalt wird regelmäßig gefressen und eventuelles Übergewicht schon im Ansatz vermieden. Übrigens: Die Mengenangaben der Futtermittelhersteller auf den Verpackungen sind sehr großzügig bemessen. Eine Norm ist hier fehlt am Platz. Es kommt immer darauf an, wie viel sich das Tier bewegt und wie es das Futter verwertet. Ob sich Speck ansetzt, das kann man sehen. Bevor die Rippen nicht mehr zu fühlen sind und das Bäuchlein hängt, unbedingt die Bremse ziehen! Lieber kleinere Portionen geben, auf Lightfutter umstellen und – noch wichtiger – mehr Bewegung und Spiel in den Tag bringen. 24 Stunden Hungern und Fasten ist nur dann die erste und beste Maßnahme, wenn das Tier Durchfall hat.

Kauartikel stärken die Kiefermuskulatur, reinigen die Zähne und sind eine artgerechte Beschäftigung. Größere Brocken rohes Fleisch erfüllen den selben Zweck (bitte kein Schweinefleisch!).
Aber aufgepasst: Es gibt Hunde, die gefährlich große Stücke hinunterschlingen;
Katzen sind da klüger.

Wasser

Wichtig! Wasser muss bei Katzen weit vom Futter entfernt sein. Sie mögen es nicht, wenn der Wassernapf dicht beim Fressen steht. Auch der Hund trinkt lieber an anderer Stelle... aber er ist da weniger pingelig. Der Besitzer sollte es aber sein, weil mit den ach so beliebten Doppelnäpfen stets Futterreste ins Wasser gelangen und es verunreinigen. Kaufen Sie also nicht das „Napf-Tal-Duo“, sondern einzelne Gefäße. Manche Hunde, vor allem aber Katzen, mögen unser mit Chlor versetztes Leitungswasser nicht; da hilft dann nur Filtern oder stilles Mineralwasser.

Gras

Gras ist sowohl bei Hunden als auch bei Katzen ein beliebtes Magen-Heilmittel. Sie fressen es, weil es schwer im Magen Liegendes einlullt und fortschafft, entweder oben heraus oder hinten weg. Gerade Katzen, die beim Putzen eine Menge Haare mit abschlucken, brauchen das Grünzeug. Wenn sie nicht aus dem Hause kommen, dann muss das Gras in Töpfen gezüchtet werden. Am besten, man kultiviert einige Töpfe mit unreschiedlichen Reifegraden, damit immer junges Grün zur Verfügung steht. Keimlinge gibt es zum Beispiel beim Zoofachhandel oder im Reformhaus. Spekulationen besagen auch, dass die Tiere mit dem Gras außerdem bestimmte Stoffe zu sich nehmen, die ihnen guttun.

Light- und Seniorfutter

Die Möglichkeit, die Stimmung von Katze und Hund durch das, was sie fressen, zu beeinflussen, ist oft Teil einer Therapie. Zu viel Eiweiß, zu hochwertiges Futter für unterbeschäftigte Tiere, ist immer schlecht. Oft genügt es schon, auf ein Light- oder Senior-Futter umzusteigen, wenn das Tier Verhaltensauffälligkeiten zeigt oder Hautprobleme hat. Fragen Sie die Ernährungs-Experten der Veterinärkliniken.

Haltung, Pflege, Zubehör

Wer ein kleines Appartement im städtischen Umfeld besitzt, und selbst kaum genügend Platz in der Wohnung für sich und seine Habseligkeiten hat, der sollte aus Gründen der Tierliebe auf beide Tierarten verzichten. Und wer sehr viele Hobbys hat, sich dauernd sportlich betätigen, viel reisen und „auf jeder Hochzeit tanzen“ muss, der ist mit Hund und Katze ganz schnell überfordert, weil die Tiere sehr viel Zeit kosten. Eigentlich sollten sie das einzige Hobby sein. Und wer eine knappe Haushaltskasse hat, sollte ebenfalls tierlos bleiben, denn Tierarztkosten können explosiv das Budget sprengen.

» **Rassekatzen und Rassehunde kosten etwa 500 bis 1000 Euro.**

Anschnallpflicht

Beim Transport im Auto gelten Hund und Katze als Ladung, die so verstaut werden muss, dass die Insassen nicht gefährdet sind. Zugelassen sind Kennels, Gurte und Gitter. Das Transportkennel der Katze sollte zu Hause als Liegeplatz aufgestellt sein. Wenn sie es nur dann betreten soll, wenn eine Fahrt zum Tierarzt ansteht, wird sie es hassen. Wenn Sie nicht selbst hinein geht, verstecken wir ihr im Kennel gelegentlich feine Leckereien, die sie nur erbeuten kann, wenn sie die „Höhle“ betritt.

Auslauf, Spiel, Beschäftigung

Hunde brauchen je nach Rasse mindestens dreimal täglich lange Spaziergänge im Grünen, die Spielwiese und den Kontakt zu anderen Hunden. Sie brauchen Wässcherchen und Wiesen, Bäume und Büsche, und die Straße der News, an der andere Hunde ihre Nachrichten hinterlassen. Wer Hunde wirklich liebt, der gibt ihnen auch geistige Aufgaben, lässt sie etwas tun wie apportieren, suchen, tragen, melden, hüten etc. Katzen wollen jagen. Wenn sie nicht nach draußen dürfen, muss ihnen der Mensch und die häusliche Umgebung einen guten Ersatz dafür bieten.

» **Spielzeug ist uninteressant, wenn es nicht bewegt wird.**

Gut versichert

Es kann viel passieren. Für Ihren Hund sollten Sie deshalb unbedingt eine Haftpflichtversicherung abschließen. Die Katze braucht das nicht. Sie ist in der Privathaftpflicht ihrer Besitzer enthalten. Es ist sinnvoll, sich bei der Versicherung zu versichern, ob versichert ist, wenn die Mieze Nachbars Tulpenzwiebel ausgräbt, die neue S-Klasse zerkratzt, die Ming-Vase zum Absturz bringt oder Tante Gerdas gefiederten Hansi-Bubi killt.

» **Der wahre Tierfreund spendet dem Hund mindestens drei Stunden täglich, der Katze mindestens zwei halbe Stunden, morgens und abends.**

Halsband, Leine, Kennzeichnung

Freilaufkatzen sollten weder Halsband noch Anhänger tragen; zu groß ist die Gefahr, dass sich das Tier damit verheddert oder gar stranguliert. Empfehlenswert für Katzen sind höchstens Halsbänder mit vorgefertigten Abriss-Stellen. Der Hund trägt am besten ein Brustgeschirr, weil man ihn so sanft kontaktieren kann, nach dem Motto: Erziehen ist besser als Erwürgen. Die Leine sollte mindestens drei Meter lang sein. Alles andere ist bedenklich, weil Hunde andere Bewegungsabläufe haben als der Mensch. Sehr gut sind auch Flexi-Leinen für Menschen, die selbst am Gängelband restriktiver Gemeinde-Vorschriften hängen oder nicht so besonders erziehungsfreudig sind, dass ein Freilauf des Hundes gefahrlos wäre. An den Laufleinen haben Hunde wenigstens die Möglichkeit, ihre eigenen Bewegungsabläufe einigermaßen natürlich abzuspulen. Kennzeichnungspflicht besteht mittlerweile nicht nur für reisende Tiere. Manche Städte und Gemeinden fordern jetzt auch das Erkennungszeichen für die Ortstreuen. Die Tätowierung am Ohr oder Bauch ist so gut wie out, weil ins Ausland reisende Tiere unbedingt einen implantierten Chip (in Verbindung mit dem blauen EU-Pass) brauchen und weil die Tätowierung nur in der Narkose angebracht werden kann während der Chip, schwupps und völlig schmerzlos, unter die Haupt geschossen wird. Dieser Chip hilft im Verlustfall auch, den Besitzer zu ermitteln. Versäumen Sie aber nicht, den Personalbogen des Tieres, den der Tierarzt beim Kennzeichnen aushändigt, an Tasso und den Deutschen Tierschutzbund zu schicken. Sonst haben Mops und Maunz zwar eine Nummer, aber wer sich dahinter versteckt, das lässt sich auch vom besten Fahnder nicht ermitteln.

» Die lange Leine ist die beste Lebensversicherung, wenn „Flöckchen“ noch nicht gehorcht.

Hundebett

Hunde brauchen ihren festen Liegeplatz, am besten ein Schlafkörbchen oder eine Matte mit hohem Rand, auf dem der Kopf ruhen kann. Der Hundeplatz sollte in einer ruhigen Ecke untergebracht sein, wo Bella und Fritzi nicht alles kontrollieren können... Der Hund muss ja nicht der Erste sein, der an der Türe ist, wenn's klingelt, und er sollte nicht jeden vorübergehenden Passanten sehen und „kommentieren". Merke: Das Revier eines Hundes endet nie am Zaun. Es gehört ihm alles, soweit er es sehen, riechen und hören kann.

» **Manche Katzen vertragen die Impfung nicht. Eine Nutzen-Schaden-Analyse, gemeinsam mit dem Tierarzt, ist deshalb ratsam.**

Katzenklappen

Katzen sind glücklicher, wenn sie ins Freie dürfen, und zwar immer dann, wenn sie dies möchten. Katzenklappen gibt es im Fachhandel. Die klugen Samtpfoten wissen schnell, wie die Technik funktioniert. Man kann es ihnen auch zeigen (oder anfangs das Türchen hochbinden). Das freie Katzenleben allerdings ist gefährlich. Autos, Tücken, Hunde, Krankheiten lauern... Sicherer lebt die reine Wohnungskatze. Doch sie muss ihren Jagdtrieb ausleben können. Als Ersatz für die große weite Welt da draußen braucht sie Indoor-Abenteuer durch Klettermöglichkeiten, Kratzbäume, Kuschelhöhlen, Aussichtsterrassen, Sonnenplätze, Spielzeugangeln – und sie braucht den Menschen, der ihr mindestens zweimal täglich 30 Minuten pro Tag die Spielzeuge bewegt und sich ausschießlich der Katze widmet.

Katze vermisst

Wussten Sie übrigens, dass freilaufende Katzen oft ein Revier von drei Quadratkilometern und mehr begehen? Kastrierte Tiere begnügen sich mit weniger als einem Quadratkilometer. Falls das Kätzchen vermisst wird, dann suchen Sie in diesem Radius, am besten nachts, wenn alles schläft. Wenn es ruhig ist, hört die Katze das Rufen besser (und Sie hören die Antwort besser)..... und wagt sich eher aus ihrem Versteck hervor.

Hund vermisst

Ein lauter Knall, eine verlockende Spur, und schon kann der Hund verschwunden sein. Damit Wuffi schnell wieder im eigenen Körbchen schlafen kann, sollte er seine Telefonnummer am Halsband tragen. Warten Sie zunächst möglichst lange am Fluchtpunkt oder am Auto, dann informieren Sie die Polizei. Aufgegriffene Tiere werden in der Regel im Tierheim abgeliefert. Wenn das Tier gechippt ist, sollte der Tierschutzverein in der Lage sein, den Besitzer schnellstmöglich zu ermitteln. Falls es im Landkreis weitere Tierheime gibt, sollte jedes verständigt werden. Auch Aushänge, Inserate, Durchsagen des Radiosender können helfen. Informieren Sie auch Tasso, das Haustierregister.

» Katzen sind eigen, wenn es um Hygiene geht.

Katzenklo

Die Katzentoilette gehört an ein stilles Örtchen, am besten aufs WC oder unter die Treppennische, ins Bad oder in die Besenkammer. Wichtig ist natürlich, dass sie jederzeit zugänglich ist. Ob die Katze ein offenes oder ein überdachtes KC bevorzugt, das zeigt die Praxis. Am besten, man stellt zunächst verschiedene Modelle auf. Die „großen" Hinterlassenschaften müssen täglich entfernt und frische Streu muss nachgefüllt werden; so manche Katze schätzt einen Hauch vom eigenen Uringeruch im Untergrund. Wie hoch die Einstreu sein sollte, das ist von Katze zu Katze verschieden. Da gilt die Regel von Versuch und Irrtum. Eine Komplett-Reinigung empfiehlt sich alle acht Tage mit möglichst geruchsneutralem Reinigungsmittel. Bitte beachten Sie: Katzen hassen Zitrusdüfte (Hunde auch!). Die gebrauchte Streu muss in der Mülltonne entsorgt werden, weil sie die Toilette böse verstopfen würde.

» So richtig nett wirds im warmen Plüschbett.

Katzenbett

Katzen brauchen mehrere erhöhte Liegeplätze, eine Kuschelhöhle, bevorzugen auch eine offene Schranktüre und eine Aussichtsplattform. Wer will kann Körbchen dort aufstellen, wo die Katze gerne liegt. Meist sucht sie sich jedoch selbst ihre Lieblingskuhlen. Vorsicht! Offene Waschmaschinen mit eingeschlichteter Wäsche sind unwiderstehliche Kojen für Katzen (schaffen Sie ihr etwas Ähnliches, Ungefährliches und halten Sie die Maschine geschlossen).

Krallen

Der bewegte Hund läuft sich im Regelfall die Krallen ab; die der Wohnungskatze müssen ab und zu geschnitten werden. Drückt man leicht mit dem Daumen auf die Pfötchen, kommen die Krallen heraus. Beim Schneiden sollte man unbedingt eine richtige Krallenzange benützen, damit der Nagel nicht gequetscht wird, und man darf keinesfalls ins „Leben“ schneiden. Das Blut dort lässt sich nur schwer stillen. Bei dunklen Krallen ist das unblutige Schneiden sehr schwierig, weil die Adern nicht zu sehen sind. Am besten, man lässt dies vom Tierarzt erledigen.

Kratzbaum

Für das Schärfen der Krallen brauchen Katzen senkrechte Teile, die mit Holz oder Sisal verkleidet sind. Wenn mehrere Kratzgelegenheiten und der Kratzbaum an Stellen stehen, an denen die Katze gewöhnlich vorübergeht, ist die Wahrscheinlichkeit groß, dass sie angenommen werden und dass sich die Katze nicht an Möbeln vergreift. Da die Katze mit dieser Handlung auch Revieransprüche kundtut, sollten die Kratzgelegenheiten an „strategisch wichtigen Kreuzungen“ aufgestellt sein.

» Hoch auf dem Sisal-Kratzbaum hat Mieze alles im Blick und ist vor eventuellen Hundeübergriffen sicher.

Wurmkuren

Welpen müssen, erwachsene Tiere sollten regelmäßig entwurmt werden, allen voran die Mäuse-Fresser. Da ein Wurmbefall bei den Tieren nicht ohne Weiteres zu erkennen ist, empfehlen Fachleute vorsorgliche Wurmkuren, am besten 4-mal pro Jahr mit einem Breitspektrum-Entwurmungsmittel. Da die Eier der Endoparasiten auch an den Straßenschuhen ins Haus kommen können, müsste sogar die dosenfressende Wohnungskatze regelmäßig entwurmt werden. Natürlich ist eine gezielte Wurmkur bei Befall sinnvoller als die vorsorgliche Zuteilung der giftigen Tablette. Der Tierarzt braucht dazu eine Kotprobe, um festzustellen, ob Maßnahmen nötig sind. Eine 100-Prozent-wurmfrei-Garantie allerdings bietet weder die tierärztliche Untersuchung noch die regelmäßige Tabletten-Gabe, weil sich die Parasiten nicht nur im Darm aufhalten. Beobachten Sie unbedingt regelmäßig den Kotabsatz der Tiere. Wenn Symptome wie Erbrechen, Husten, Blutarmut (erkennbar an hellem Zahnfleisch), schlechte Wundheilung, Vorfall der Nickhaut, struppiges Fell, Gewichtsverlust, Bewegungsunlust oder gar eine allgemeine Immunschwäche auftreten, ist es allerhöchste Zeit, zum Tierarzt (und zum eigenen Hausarzt, weil sich auch der Mensch angesteckt haben könnte) zu eilen.

» Wenn Hund und Katze so nahe nebeneinander speisen, dann ist das Kriegsbeil endgültig begraben.

HUND

- Schlafkorb
- Futternapf /Wassernapf, getrennt keine Kombi
- Zeckenzange
- Geschirr und Leine, Adressschild
- Kamm und Brüste
- Apportier-Dummy
- Haftpflichtversicherung Hund
- Transportbox

KATZE

- Schlafhöhle und mehrere Schlafkörbe
- Futternapf, getrennt keine Kombi
- Wassernapf, getrennt keine Kombi
- Katzenklo und Einstreu
- Eventuell Geschirr und Leine
- Pflegehandschuh
- Spielangel
- Kratzbaum und mehrere Holz- und Sisalflächen
- Privathaftpflicht
- Eventuell eine selbst schließende Katzenklappe für den Ausgang ins Freie
- Transportkorb

Und für Ihren Haushalt einen sehr guten Staubsauger und eine Fusselbürste!

Kosten

Wie sagt doch der Engländer so schön: „It depends on.... Es kommt darauf an, wie groß, wie gesund, wie heikel, wie hungrig, wie verwöhnt die Tiere sind.“
Beim Futter sollte mit zwei Euro pro Tag für den mittelgroßen Hund und mit ein Euro pro Tag für die Katze gerechnet werden; nach oben sind keine Grenzen gesetzt.

Der Tierarzt schlägt mit mindestens 150 Euro pro Tier und Jahr zu Buche (Impfungen, Wurmkuren, Zeckenprophylaxe, Zahn- und Ohrkontrollen, Krallen schneiden). Aber wehe, wenn Krankheiten oder Unfälle dazukommen. Operationen können sehr viel Geld kosten. Empfehlenswert ist es, pro Tier etwa 25 Euro monatliche Tierarztkosten separat zurückzulegen, für den Fall des Falles, oder eine Tierkrankenversicherung abzuschließen. Die allerdings ist nur bei jungen Tieren möglich und belastet das Konto mit etwa 15-20 Euro monatlich für die Katze und mit 30 bis 40 Euro monatlich für den Hund. Viele Versicherer drücken den Besitzern älterer Tiere später zusätzlich eine Selbstbeteiligung von 20 Prozent auf.

Kalkuliert werden müssen auch die Hundesteuern, die Haftpflichtversicherung für den Hund, die Kastration, die Sicherheit der Wohnung für die Katze (Kippfenstersicherung, Balkonnetze etc.), die Auto-Sicherung für den Hund, oder sogar das größere Auto für Beethoven, den Bernhardiner.
Sprechen wir auch darüber. Das Einschläfern und Einäschern des Hundes kann zwischen 60 und 300 Euro kosten, das der Katze ebenso, je nach Zeremonie.

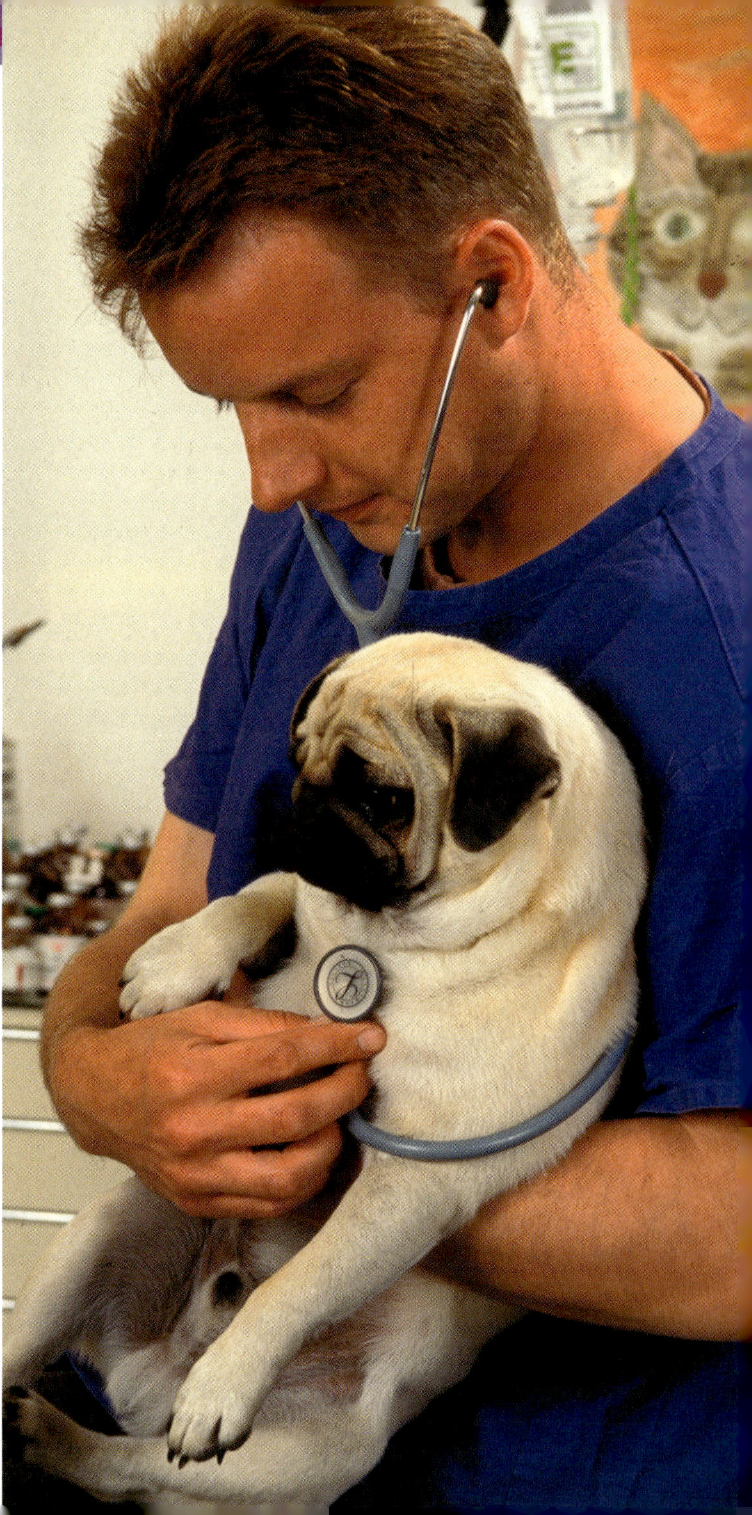

» Beim täglichen Spaziergang gehört Frauchen ganz allein der wedelnden Fraktion; Katzen gehen lieber ihre eigenen Wege. Es gibt aber Katzen, die wie ein Hund ihren Besitzern folgen.

Erziehung und Tricks

Hunde lassen sich besser erziehen als Katzen. Als Rudeltier haben sie gelernt, ihre eigenen Bedürfnisse denen der Gruppe anzupassen und sich den in der Hierarchie höheren Tieren unterzuordnen. Vor allem aber sind sie wild auf Arbeit. Sie wollen etwas tun und sie schätzen es, wenn das, was sie tun, uns Menschen gefällt. Katzen tun immer, was sie wollen. Aber sie sind durchaus bereit, bestimmte Regeln einzuhalten und Grenzen zu respektieren, auch mentale Grenzen. Tiere lernen durch den Versuch und damit durch Erfolg oder Misserfolg. Sie lernen, was sich lohnt (den Hunger stillt, Freude bringt) und was nicht (was zu nichts führt, sie erschreckt, wehtut). Sie lernen nicht aus Büchern und sie sprechen unsere Sprache nicht. Stellen Sie sich selbst einmal vor, Sie wären zu Gast bei einem Indianer-Stamm. Wenn der Häuptling lächelt oder Ihnen etwas von seiner Mahlzeit abgibt, dann gefällt ihm, was Sie tun, und wenn er sich abwendet oder gar das Kriegsbeil ausgräbt, dann lagen Sie ein wenig oder gewaltig daneben. Genau so lernen Hund und Katze unsere Befindlichkeiten.

» So ists richtig: Die Katze frühstückt auf „höherem Niveau". Damit ist gewährleistet, dass sie ihren Anteil auch abbekommt. Was sie übrig lässt, das darf dann ruhig vor die Hunde gehen.

≫ Border-Collies sind Hütehunde aus Leidenschaft. Sind keine Schafe da, dann hüten sie eben die Katze, was bei der Mieze Leiden schafft.

Die Erziehung oder das Abgewöhnen dessen, was wir nicht dulden, muss also sein, beim Hund wie bei der Katze, und zwar von Anfang an, denn eingebürgerte Unarten bleiben hartnäckig haften. Die einzige wahre Methode, Tiere zu erziehen, ist es, eine richtige Handlung sofort zu bestätigen und eine falsche sofort zu ignorieren oder mit einem strengen „Nein“ zu kommentieren. Aber sofort! Bereits zwei Sekunden später ist es zu spät. Sagen Sie „Sitz!“, und der Hund setzt sich: „Fein!“ (mit heller Stimme und mit Begeisterung). Setzt er sich nicht, sagen Sie nichts. Warten Sie so lange bis er es tut. „Fein!“ Auch wenn er etwas lassen soll, dann verwenden Sie einen scharfen, kurzen, tiefen Ton. Aber im Bruchteil einer Sekunde nach der Tat! In der nächsten Sekunde, wenn der Hund verdutzt auf Sie schaut, ist wieder alles gut. Schon der Blickkontakt mit Herrchen/Frauchen wird belohnt, indem Sie zurücktreten. Sie gewähren dem Hund seine Individualdistanz. Dadurch schenkt er Ihnen die Aufmerksamkeit und respektiert Sie. Sie sehen also, die Belohnung muss nicht immer Fressbares sein. Ein Hund fühlt sich sofort wohl, wenn man ihm seine Individualdistanz schenkt. Das ist so etwas wie ein tolles Kompliment und ein Dankeschön dazu. Das berühmte Antatschen oder Streicheln, noch dazu, wenn es Fremde tun, ist aus Hunde- oder Katzensicht meistens unerwünscht und den Tieren eher ungeheuer.

So soll also Bello nicht klauen und nicht randallieren, auf seinen Platz gehen und auch dort bleiben, nicht dauernd bellen, nicht im Weg herumliegen, nicht als Erster an die Türe gehen wenn's klingelt, auch mal alleine in der Wohnung bleiben, die Katze in Frieden lassen und nicht ins Bett springen?

Die Mieze soll auf ihr Katzenklo gehen, nichts zerkratzen, nicht herumschreien, nicht auf den Esstisch steigen, nachts und vor allem frühmorgens Ruhe geben, nicht im Bett schlafen und die Blumenstöcke und Vasen auf ihren Plätzen lassen.

Jeder Versuch, unerwünschte Handlungen zu unternehmen, wird im Vorfeld mit einem strengen, tiefen „Nein" kommentiert, jede erwünschte Handlung mit Leckerchen, einem hellen „Fein" oder mit Individualdistanz belohnt. Achten Sie genau auf das Tier, hinterfrägt es Verbote, dann nimmt die Reaktion des Menschen an Heftigkeit zu. Das Nein wird tiefer, man kommt dem Tier näher. Immer wichtig ist auch die Nachkontrolle. Gehen Sie nach einem Befehl nicht sofort zur Tagesordnung über, sondern beobachten Sie das Tier aus dem Augenwinkel heraus. Macht es Anstalten, den Befehl aufzuheben, korrigieren Sie es. Zugegeben: Bei Katzen ist das Ganze schwieriger. Aber ruhig Blut: Unfolgsame Katzen stellen höchstens den Haushalt, ungezogene Hunde aber die ganze Gegend auf den Kopf.

» Wenn die zwei sich neugierig beobachten, dann ist das Eis gebrochen.

Die einfachste Methode, Tieren Tricks oder erwünschte Handlungen zu „verklickern", ist das Clickertraining. Vorausgesetzt: Die Schüler haben ein bisschen Hunger und sind nicht satt und vollgefressen, denn ein voller Bauch lernt nicht gern, oder sie sind von Hause aus sehr verfressen. Es funktionierte bei unzähligen Zirkustieren, bei Hühnern, Delphinen, ja sogar bei Strandkrabben. Das Click-Geräusch ersetzt das Signalwort „Fein!" und ist schon deshalb sehr effektiv, weil es die Handlung schneller und emotionsloser markieren kann als die menschliche Stimme. Das Click-Geräusch, das mit einem entsprechenden Drück-Gerät erzeugt wird, markiert eine erwünschte Handlung, und zwar in genau jener Sekunde, in der sie vom Tier gezeigt wird (nicht erst zwei Sekunden später!). Sie halten das für schwierig?

Dann probieren Sie es aus. Schicken Sie ein Mitglied Ihrer Familie vor die Tür. Dann denken Sie sich etwas aus. Zum Beispiel: Max soll das Fenster öffnen. Wenn Max das Zimmer betritt, weiß er nicht, was von ihm erwartet wird. Wann immer er auf dem richtigen Weg dahin ist und das richtige im Ansatz tut, wird geclickt.

Max wird Verschiedenes versuchen... wird lernen aus Erfolg und Irrtum... und irgendwann begreifen, dass er das Fenster öffnen soll. Glückwunsch! Sie haben das Clickertraining verstanden, wenn Max das Fenster öffnet. Sie können wie folgt beim Hund und bei der Katze beginnen:

» Lernen mit dem Clicker macht Hunden und Katzen Spaß, zumal es während der Lektionen immer ein schmackhaftes Fleiß-Häppchen gibt.

Hund und Katze müssen allerdings vorher informiert werden, dass das Click-Geräusch etwas Gutes ist, ein „Fleiß-Bild sozusagen. Beginnen Sie deshalb damit, zu clicken und anschließend dem Hund und der Katze eine Belohnung (ein winzig kleines Leckerchen) zuzustecken. Etwa drei- bis zehnmal fürs Erste. Dann denken Sie sich eine leichte Aufgabe aus. Beispielsweise soll ein Stab, der Hund und Katze beinahe vor die Nase gehalten wird, mit der Nase berührt werden. Berührung, click! Dann wird der Stab etwas weiter weggehalten. Berührung, click! Danach kann jede erwünschte Handlung mit einem Click belohnt werden. Hund und Katze wissen nun, dass das Click das Lob also die Bestätigung ist.

- Erst, wenn die Aufgabe perfekt gelöst und die Übung fürs Erste beendet ist, gibts ein großes noch feineres Leckerchen.
- Clicken Sie immer, wenn Sie zufrieden sind; wenn beispielsweise ein katzenfeindlicher Hund plötzlich den Kopf wegdreht, anstatt die Katze zu fixieren: click, Belohnung!
- Wenn die Katze nicht mehr flüchtet, sondern neutral ihrer Wege geht, und der Hund friedlich bleibt: click, Belohnung! Diesmal für beide.
- Wenn der Hund die Katze nicht mehr anbellt, sondern ruhig sitzen bleibt: click, Belohnung!
- So kann jede erwünschte Handlung markiert und belohnt werden. Für Clicker-Training gibt es weiterführende Literatur, Videos und Kurse.

» **Au Backe! So mancher brave Hund muss auch mal einstecken können.**

Brauchen Tiere Strafen: Selten! Es braucht so wenig, dass Tiere gehorchen. Wenn, ja wenn, der Mensch konsequent und souverän ist und eine gewisse natürliche Autorität ausstrahlt. Wichtig ist die Körpersprache. Ein „Nein" ist niemals ein „Vielleicht" und einem „Nein" folgt niemals eine Moralpredigt über das Warum. „Nein" wird immer mit aufrechter, selbstbewusster Körperhaltung gesprochen und mit tiefer Stimme – eventuell auch damit, dass man näher an das Tier herantritt – untermauert. Außerdem bleibt man ganz in der Nähe des Tieres, wegen der Nachkontrolle, und wenn das immer noch nicht hilft, dann vergewissern Sie sich bitte zunächst, ob Ihr Tier auch wirklich verstanden hat, was Sie von ihm wollen. Starten Sie erneut mit dem Training, gehen Sie alle Schritte noch einmal durch... bevor Sie zur Wasserspritze (dem Blumenbestäuber) greifen oder eine mit Steinchen gefüllten Dose schütteln oder einen scheppernden Topfdeckel neben das Tier werfen (= äußerste Strafe).

Und denken Sie daran: Die Strafe muss ebenso sekundengenau erfolgen wie das Lob, also innerhalb einer Sekunde nach der unerwünschten Handlung. Und denken Sie außerdem daran: Bei Tieren niemals nachmeckern. Alles ist sofort wieder gut, in der Sekunde, in der das Tier eine Demutshandlung (Blick abwenden, Kopf wegdrehen, über die Lippen lecken, langsam gehen, sich niedrig machen, Schwanz einziehen etc.) ausführt. Das auf die Strafe hin gezeigte „Tschuldigung" des Tieres wird sofort sanftmütig angenommen und als erwünschtes Verhalten unmittelbar belohnt, indem man vom Tier etwas wegtritt (ihm seine Individualdistanz gewährt)!
Und vergessen Sie niemals: Die Fehler immer zuerst bei sich und der eigenen Lehrmethode und nicht beim Tier suchen. Wenn Tiere unsere Autorität anerkennen, dann gehorchen sie gerne.

Glauben Sie nur nicht, dass das Brüllen des Befehls „Fuß“ bereits genügt, damit Ihr Hund „Fuß“ geht. Er weiß überhaupt nicht, was das Wort bedeutet, etwa vergleichbar, wenn der Indianer-Häuptling „ahugahaga“ zu Ihnen sagt. Nehmen Sie den Hund an eine etwa drei Meter lange Leine. Wenn er nach vorne eilt, wechseln Sie die Richtung, und wieder und wieder. Jedes Mal, wenn der Hund gerade neben Ihnen läuft, dann sagen Sie „Fein!“ und geben ein Leckerchen... später wird dieses „Fein!“ durch den Befehl „Fuß“ ersetzt. Und irgendwann nach vielen Übungen, wird der Hund gelernt haben, was „Fuß“ bedeutet.

» Heute Kinder, wird’s was geben. Süßigkeiten tun weder dem Hund noch der Katze gut. Doch kleine Sünden sind schon mal erlaubt.

Gesundheit

Impfung

Einmal im Jahr sollten beide Kandidaten dem Tierarzt vorgestellt werden, schon wegen der alljährlich fälligen Impfungen. Auch wenn die Katze beispielsweise niemals Kontakt zu anderen Katzen hat und ständig im Haus bleibt: Die bösen Erreger sind sehr winzig und finden immer einen Weg, auch reine Stubenhocker zu infizieren. Sie kommen mit dem Einkaufskorb, mit dem Haushund, mit dem Futter, mit Insekten oder mit uns Menschen ins Haus und die Zecken krabbeln notfalls auch die Mauern hoch oder lassen sich von Vögeln in höhere Sphären tragen.

Für den **Hund** ist die übliche **Tollwut-** und die **Fünffach-Impfung** gegen **Staupe, Leptospirose, Parvovirose, Hepatistis und Zwingerhusten** (auch erwachsene und einzeln gehaltene Hunde können daran erkranken) ohnehin obligatorisch.

Die **Katze** sollte gegen **Tollwut, Katzenschnupfen und Katzenseuche (FIV)** immunsiert werden. Die Impfung gegen Leukose und gegen FIP (Feline Infektiöse Peritonitis) ist mit dem Tierazrt abzuklären. Er wird anhand der Lebensumstände der Katze das Richtige tun. Übrigens: Gegen die Tollwut gibt es beim Hund mittlerweile Impfstoffe, die für zwei Jahre Gültigkeit haben.

Auch wenn's schwerfällt! Die Kastration sollte sorgfältig überlegt werden. Der Sexualstress, der Kätzinnen alle drei Wochen, Kater wann immer eine Dame in der Nähe willig ist, Hunderüden beinahe das ganze Jahr über, und Hundedamen zweimal im Jahr drei Wochen lang heimsucht (meistens zwischen November-Februar und Juni-September), ist für die Tiere, die nicht zur Zucht verwendet werden, unnütz und kann ihnen durch den Eingriff erspart werden. Die Kastration bietet eine Reihe von gesundheitlichen Vorteilen. Früh kastrierte Hündinnen und Kätzinnen leiden im Alter wesentlich weniger an Pyometra, der eitrigen Gebärmutter-Entzündung, die eine Operation später notwendig macht. Rüden und Kater kriegen unter Umständen ein Babyfell, sind aber wesentlich umgänglicher mit anderen männlichen Tieren und mit ihren Menschen. Außerdem sinkt der Aktionsradius einer Freilaufkatze erheblich.

Vorsicht Flöhe und Zecken: Hund und Katze sollten von Frühjahr bis Herbst genau nach Parasiten abgesucht beziehungsweise mit einem Protector-Halsband oder Spot-on-Präparat vor den Plagegeistern geschützt werden.

Katzen, die eng mit Hunden zusammenleben, sollten auf jeden Fall auf **Toxoplasmose-Erreger** (im Kot) untersucht werden. Die Erreger stecken im rohen Fleisch, vermutlich in Lamm- oder Schweinfleisch und in Vögeln und Mäusen. Der Hund kann sich infizieren, wenn er den Katzenkot frisst. Auch wenn Hunde selbst daran nicht erkranken, so können sie doch Überträger der Krankheit werden. Auch Katzen können ihr Frauchen damit anstrecken. Bei einer Schwangeren wäre dies fatal. Im Fall des Falles (sehr selten!) kann es zu Schädigungen des Kindes kommen.

Würmer befallen beide Tiere gleichermaßen. Regelmäßige Wurmkuren (bei eifrigen Mäusefressern alle drei bis vier Monate, ansonsten alle sechs Monate, ist anzuraten. Siehe auch die Rubrik Haltung und Pflege.

Die **Floh- und Zecken-Prophylaxe** bei Hund und Katze ist unterschiedlich. Es gibt mittlerweile Präparate, die nicht nur gegen Floh & Co, sondern auch gegen Bandwürmer sind. Für die Katze empfiehlt sich ein Spot-On-Präparat. Beim Hund wirken die Protector-Halsbänder besser. Ersparen Sie sich nie das Absuchen des Fells, denn Zecken, die rechtzeitig (innerhalb von 12 Stunden nach dem Anbeissen) entfernt werden, können ihre Erreger nicht übertragen. Das Zeckenvolk wird übrigens immer giftiger. Neben FSME und Borreliose sollen die Spinnentierchen mittlerweile acht verschiedene Krankheits-Erreger beherbergen, so ein Forscher-Team aus Baden-Württemberg.

Die Sprache von Hund und Katze

Es bedarf einiger Erfahrung, die sprachlichen Feinheiten unserer Lieblinge zu deuten. Unser kleiner Sprachführer kann deshalb nur eine Anregung sein, sich in der tierischen Fremdsprache weiterzubilden. Alle Signale kommen „entschärft“ auch im Spiel vor.
Achtung! Wer die Tiere gut lesen will, muss die einzelnen Körpersignale auch im Zusammenhang beachten. Belohnen Sie beim Zusammengewöhnen von Hund und Katze unbedingt die Körper-Signale des Friedens!

Unterschiede:

Beschnüffeln sich Hunde an der Analregion, so ist das eine freundliche Geste. Katzen sind darüber sehr empört. Man begrüßt sich schließlich mit dem Köpfchen. Beim Zusammenleben mit Hunden gewöhnen sich Katzen jedoch an die für sie ziemliche Belästigung.

Knurren (Hund= Warnung) und **Schnurren** (Katze= Wohlbehagen) klingen ähnlich. Nur bei sehr jungen und unerfahrenen Tieren könnte es zu Missverständnissen kommen.
Da Hunde und Katzen aber die komplette Körpersprache deuten, wissen Sie meistens sehr schnell „woher der Wind weht“.

Pfote heben bei der Katze bedeutet „Aufgepasst, ich kann zuschlagen“ und Pfote heben beim Hund ist eine nette, bettelnde, demütige Geste.

Das Präsentieren der **Bauchseite** ist beim Hund immer friedlich gemeint. Er macht sich wieder zum Kind, ergibt sich. Die Katze hingegen kann so alle ihre Waffen (Krallen und Zähne) sehr effektiv einsetzen.

Gemeinsamkeiten:

Ein entspannter, locker, leicht hängender oder um den Körper geschlungener Schwanz, gerade aufgerichtete Ohren, bequeme Sitz- oder Liegehaltung mit nebeneinander oder aufeinander liegenden Pfoten bedeutet bei beiden Tieren Neugier, entspannte Situation.

Lockeres Schwanz-Wedeln wird immer als freudige Begrüßung gesehen, ist aber in Wirklichkeit ein Beschwichtigungssignal. Der Hund oder die Katze bittet ihr Gegenüber, freundlich und friedlich zu bleiben und signalisiert, dass er/sie es auch ist.

Das **Abwenden des Kopfes** und das **Verkürzen des Blicks** (oder blinzeln) bedeutet bei beiden Tieren: Ich will dir gar nichts, du bist mir Schnuppe... sollte bei der ersten Zusammenführung belohnt werden.

K= Katze; H=Hund:

AUGEN:

K: Große Pupille = friedfertige Stimmung
H: Weit geöffnet, starrer Blick = Selbstbewusstsein, Aggressionsverhalten
K: Pupille oval verengt = beginnende Aggression
K+H: Augen zusammengekniffen = friedliche Grundstimmung, Beschwichtigung

KÖRPER:

K: Anschmiegen = freundliche Geste, Vertrauensbeweis
H: Anschmiegen = freundliche Geste, aber auch dominantes Verhalten
K: Wälzen = Wohlgefühl, Paarungsbereitschaft, Unterordnungsbereitschaft
K: Abducken, starrer Blick, nach unten getragener Schwanz, gesträubtes Fell = Angst, Flucht oder Aggression
H: Abducken, Rute eingeklemmt, Ohren zurückgelegt = Angst, Fluchtbereitschaft
K+H: Leicht geduckte, gerade Körperhaltung, fixieren = Hochspannung, Jagdeifer, auch Einschüchterung des Gegners
K+H: Gesträubtes Fell (gesamter Rücken) = Angst

» **Hund und Katze unterhalten sich ständig, doch kaum mit Tönen als vielmehr mit Körpersignalen.**

K+H: Gesträubtes Rückenfell nur über der Schulter = Selbstsicherheit, Angeberei
H: Steife Körperhaltung, Gewicht nach vorne verlagert = Selbtbewusstsein, auch Angriffsbereitschaft
K: Glattes Rückenfell = Wohlbehagen

KOPF:

K: Köpfchen geben = freundliche Geste, Vertrauensbeweis, Katze gibt ihren Geruch weiter, auch, um etwas Unbekanntes zu markieren
H: Steil, leicht nach vorne gerichteter Kopf = Interesse, Selbstbewusstsein, Angriffsbereitschaft
K: Beschnüffeln in der Kopf- und Halsregion = Begrüßung
H: Den Kopf auf Jemanden legen = Überlegenheitsgeste
H: Kopf schieflegen = Neugier, Erwartungshaltung

OHREN:

K+H: Aufgerichtet, gerade stehend = Interesse, Neugier, Kommunikationsbereitschaft

K: Hin und her bewegend = Unsicherheit

K: Zur Seite gedrehte Ohren = Angst, Aggressionsbereitschaft

K+H: Zurückgelegt = Angst, Unterwerfung, Unterordnungs- oder Angriffsbereitschaft

PFOTE:

K: Erhebt die Pfote = Aufforderung zum Schmusen, Spielen etc., auch Warnung: Ich bin schlagkräftig.

K: Zaghafte Pfotenbewegung = vorsichtiges Interesse

H: Gibt Pfote = Aufforderung zum Füttern, Spielen, Beschwichtigung, Unterordnung

K: Treteln = höchster Genuss

K: Ausschütteln der Pfote, scharren = körperliches Unbehagen

SCHNAUZE:

K+H: Kleines Beißeln = Liebesbeweis

K+H: Ablecken, Lippenlecken = Freundschaftsbeweis. Beschwichtigungssignal, selbst beruhigende Handlung bei Unwohlsein.

H: Zurückgezogene Mundwinkel = Angst

H: Kleiner Mund, vorgezogen = Aggression

H: Normaler gerader Mund = neutral, friedliche Grundstimmung

SCHWANZ:

K+H: Locker getragener Schwanz = entspannte Stimmung, Neugier, etwas Vorsicht

K+H: Nach hinten oder oben getragen, beim Hund wedelnd = Hochspannung, Jagdeifer

H: Eingeklemmter Schwanz = Furcht (kommt bei Katzen nie vor)

K: Steil aufgerichtet, Spazierstockhaltung = Begrüßung von Freunden, großes Interesse

H: Steil aufgerichtet = Selbstbewusstsein, Anspannung, evtl. Angriffsbereitschaft

K: Steil aufgerichtet, gesträubtes Fell (Flaschenbürste) = Angst, Aggressionsbereitschaft

K: Schwanz peitscht hin und her = Konzentration, Erregung, Unsicherheit, kann zu Aggression führen.

H: Wedeln (muss in Verbindung mit der Körperhaltung gedeutet werden) = Begrüßung, Freude, Beschwichtigung, Erregung, Unterordnung, Skepsis

STIMME:

K+H: Fauchen, brummen, knurren
= Lass mir bitte meine Ruhe!

K: Schnurren = Wohlbehagen, Vertrauensbeweis, aber auch Beschwichtigung (deshalb schnurren Katzen bei Schmerz oder beim Tierarzt.)

K: Miau = Hat viele Bedeutungen: Spiel mit mir! Schau da bin ich! Ich hab Hunger! Wo warst du solange! Weißt du schon das Neueste! Hilfe, ich bin einsam!

H: Wau = Hat viele Bedeutungen: Komm nicht näher! Geh nicht weg! Spiel mit mir! Schau, da ist was! Schau da bin ich! Ich freu mich, dich zu sehen! Hilfe, ich bin einsam!

H: Winseln, heulen = Schmerz, Stress, Ich bin sehr einsam! Mir fehlt etwas!

Gewisse Handlungen sind nicht nur dem eigentlich Zweck untergeordnet, sondern kommen AUCH vor, um sich beim Gegenüber „lieb Kind" zu machen oder als Verlegenheits-(Ersatz)handlung. Hier einige Beschwichtigungssignale und Übersprungshandlungen:

K: Schnurren, blinzeln, kratzen, gähnen, über die Lippen lecken, über die Nase lecken, in die Ferne schauen, Pfote schütteln, hinsetzen, Kopf wegdrehen, Bogen gehen, Ohren hin und her bewegen etc.

H: Den Kopf zur Seite drehen, langsam gehen, den Blick verkürzen, blinzeln, kratzen, gähnen, über die Schnauze lecken, pinkeln, Gras fressen, hinsetzen, einen Bogen gehen etc. (Wie viel also tun wir unseren Hunden an, wenn wir sie forsch an der Leine direkt einem fremden Hund entgegenführen, ohne einen Bogen zu gehen. Lassen Sie den Hund absitzen, wenn er unsicher und etwas aggressiv gegen andere Hunde ist; er signalisiert dem anderen Hund damit „Ich bin friedlich!")

Dazwischen gehen

Dominante Tiere erlauben es sich, zwischen zwei andere Wesen zu gehen. Wenn zwei Menschen zu nah beieinander sitzen, dann geht ein dominantes Tier (wenn es sich traut) dazwischen. Das ist keine Eifersucht, das heißt nur: Ihr solltet ein bisschen mehr Abstand wahren, meine Herrschaften, ihr unterschreitet eure Individualdistanz und das kann gefährlich werden.

» Diese Freundschaft ist bezaubernd schön.

Köpfchen geben

Die Katze gibt Köpfchen, weil sie „das Objekt“ mit ihrem Geruch versehen will. Sie meint es äußerst freundlich, meldet aber gleichzeitig ihre Besitzansprüche an.

Wenn der Hund den Kopf beim Menschen auflegt, dann will er gestreichelt werden; will aber gleichzeitig austesten, ob er in der Lage ist, seinen Menschen „zu einer Handlung im eigenen Interesse“ zu veranlassen. Das ist auch eine Form von Dominanz. Sie sollten also, so schwer es auch fällt, Ihren Hund öfters mal ignorieren und auf seinen Platz schicken, ihn nur streicheln, wenn sie ihn selbst herangerufen haben. Dies erleichtert auch das Alleinbleib-Training, denn Hunde, die ihre Menschen manipulieren können, neigen dazu, bei Kontrollverlust Unarten zu entwickeln.

» So manche Hündin entwickelt Muttergefühle.

Das Beißeln des Hundes und der Katze

Wenn sie mit den kleinen Schneidezähnchen an einem Körperteil entlangfahren, ist dies ein absoluter Liebesbeweis. Gratulation, wenn Sie so ein inniges Verhältnis zu Ihren Tieren haben!

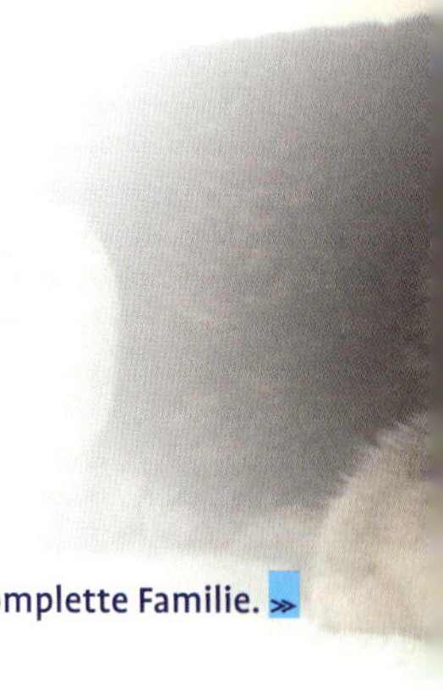

Eine richtig nette und komplette Familie. »

Zusammengewöhnen

Dass Hund und Katze zusammenleben, ist keineswegs selbstverständlich. Sie tun es nur mit uns! Gehen wir deshalb behutsam vor, wenn wir so ein ungleiches Paar zusammenbringen möchten.
Kommt die Katze neu ins Haus, dann lassen Sie sie zunächst in einem Zimmer heimisch werden. Schaffen Sie ihr darin eine Rückzugsmöglichkeit. Den Hund dürfen Sie ruhig sofort mit der Katze des Hauses konfrontieren. Wichtig! Belohnen Sie weder Angst noch Aggression gegenüber dem „Kontrahenten" (indem Sie die Tiere streicheln oder gar trösten).

Reiben Sie zunächst Kopf und Pfoten der Katze mit einem Handtuch ab und verteilen Sie den Geruch auf dem Hund. Das Gleiche geschieht auch umgekehrt. In schwierigen Fällen sollte dieser Gerüche-Austausch ein paar Tage vor der eigentlichen Bekanntschaft beginnen und täglich stattfinden.

Setzen Sie sich auf den Boden, in den Türrahmen, zwischen Katze und Hund. Arbeiten Sie eventuell mit Glasscheibe, Trenngitter, Indoor-Zaun oder, indem Sie die Katze in einen Flug-Kennel stecken. Schaffen Sie eine entspannte Atmosphäre. Bitte keine Nervosität, keine Hektik, keine Zuschauer, keine Videoaufnahmen für Tante Elfriede. Drei Anwesende genügen fürs Erste. Der Hund trägt sein Geschirr und eine drei bis fünf Meter lange Schleppleine, damit er jederzeit korrigiert werden kann. Verbreiten Sie Wohlgerüche (Pheromone) aus dem Zoogeschäft im Wohnraum. Sprechen Sie sich vorher mit dem Tierarzt ab; wenn nötig können Sie den Tieren eventuell ein leichtes Beruhigungsmittel vom Tierarzt geben. Damit dämpfen Sie die Angst und damit den Fluchtreflex.
Stecken Sie sich ein paar Häppchen gebratene Leber oder andere Leckereien in die Tasche. Damit wird jede freundliche oder beschwichtigende Geste (siehe Sprache), jedes Wegschauen vom anderen Tier, jedes lockere Verhalten, jedes Lecken über die Schnauze, jedes Blinzeln, jedes Kleinermachen und Setzen, jede langsame Bewegung auf den anderen zu belohnt. Und noch einmal: Belohnen Sie weder Angst noch Aggression gegenüber dem „Kontrahenten", indem Sie die Tiere streicheln oder gar trösten.

Dann füttern Sie beide aus der Hand, den einen rechts, den anderen links. Wenn die Tiere das Futter annehmen, ist die Situation bereits entspannt.

Füttern Sie die Tiere weiterhin (bis zum Friedensvertrag) nur an diesen Platz; die Katze hinter dem Gitter, den Hund vor dem Gitter. Das muss jeden Tag mehrmals (mit kleinen Portionen) wiederholt werden. Futter gibt es nur noch in Gegenwart des anderen Tieres, erst weiter voneinander entfernt, dann rücken die Näpfe allmählich zusammen und schließlich verschwindet das trennende Element.

Ist der Hund völlig uneinsichtig, dann beginnen Sie mit einer Grunderziehung, einem guten Platz-Training und einem nicht vom Hund in Frage gestellten „Nein!".

Ist die Katze im Dauerstress, lassen Sie ihr die Fluchtmöglichkeit auf ihren Kratzbaum oder auf den Schrank. Zwingen Sie sie aber täglich, mit hungrigem Magen, mit ein paar kurzen Übungseinheiten, sich in der Nähe des Hundes aufzuhalten, eventuell in einem Kennel, evtl. bei einem Spiel; dabei vergisst sie möglicherweise die Anwesenheit des Feindes.

Und immer daran denken: Futter gibt es nur in der Nähe des Kontrahenten. Führt sich einer der beiden Tiere auf, werden Sie nicht laut. Brechen Sie die Übung wortlos ab.

Mit einem Leckerchen wird dem Hund die Katze „schmackhaft" gemacht.

Probleme und Lösungen

» **Fast jedes Spiel ist erlaubt. Allzu heftige Jagdspiele sollte man den beiden allerdings nicht gestatten. Erstens leidet das Mobiliar und zweitens kann daraus einmal Ernst werden.**

Nah-Kampf-Hähne

Kämpfe zwischen Hund und Katz' passieren bei fehlender Fluchtmöglichkeit. Sorgen Sie deshalb dafür, dass die Treffen gesittet stattfinden, wie auf Seite 54 beschrieben. Falls die Situation eskalliert und die Tiere kämpfen, dann hilft nur hart aber herzlich! Trennen Sie die beiden notfalls mit einem Strahl aus der Blumenspritze oder gar mit einem ganzen Wassereimer, mit einen laut scheppernden auf den Boden geworfenen Metall-Deckel oder mit Werfen einer mit kleinen Steinchen gefüllten Getränkedose.

Hund frisst Katzenkot

Gut, wenn das Katzenklo einen Deckel hat. Stellen sie es so gegen die Wand, dass nur die Katze hindurch kann oder öffnen Sie die Badezimmertür nur einen „Katzen-Spalt". Trainnieren Sie mit dem Hund ein striktes „Pfui!". (Bitte wirklich nur bei Dingen anwenden, die der Hund niemals tun darf).

Unsaubere Katze

Katzen haben keine andere Sprache. Wenn Sie uns etwas mitteilen wollen, dann tun sie es. 80 Prozent aller Katzen werden im Laufe des Lebens unsauber, weil ihnen etwas nicht passt. Was es ist, muss ihr Besitzer selbst herausfinden. Es können Besucher, ein neuer Partner, ein gestresstes Frauchen, Handwerker, neue Möbel, fremde Gerüche, neue Katzen im Revier, ja sogar eine Veränderung im Katzenklo selbst sein.

ERFOLGSTIPPS

- Stellen Sie Futter oder Wasser möglichst nahe an die verunreinigte/n Stelle/n.
- Wechseln Sie die Einstreu des Katzenklos. Wechseln Sie die Höhe der Einstreu und mischen Sie trockenes Buchenlaub oder Erde unter die Einstreu (vielen Katzen mögen den modrigen Geruch).
- Kaufen Sie ein Katzenklo mit Deckel oder eines ohne. Stellen Sie unbedingt ein zweites und drittes Klo auf (verschiedene Modelle).
- Geben Sie in eine der Katzentoiletten etwas vom Uringeruch der Katze hinein; legen Sie Catnip oder andere Geruchskissen für Katzen in der Wohnung aus ...
- Die verunreinigten Stellen können Sie mit Plastik- oder Alufolie schützen oder davor ein Hasenstall-Gitter legen, auf das die Katze nicht treten wird.
- Aber das Wichtigste: Hören Sie der Katze zu. Vielleicht kennen Sie bald den Grund und können die Katzenseele wieder einrenken.

» **Wenn die Katze schwierieg wird, dann will sie ihrer Umgebung etwas sagen. Was es ist, das müssen ihre Mitbewohner selbst herausfinden, notfalls muss sogar ein Tierarzt oder eine Katzenpsychologin gehört werden.**

Freche, Ohrfeigen verteilende Katze

Katzen neigen dazu, sich einen erhöhten Ort zu suchen, von dem aus sie selbst gut zuhauen können. Reine Wohnungskatzen reagieren damit auch Aggressionen ab, die sich aufstauen, weil sie ihren Jagdtrieb nicht ausleben können. Falls die Katze den Hund auf diese Weise schikaniert, verrammeln Sie das Aggressions-Potest mit Gegenständen, damit die Kratzbürste dort nicht mehr lauern kann. Erfolgen die Angriffe zu ebener Erde und grundlos, kann hier die Blumenspritze (gegen die Katze gerichtet) zum Einsatz kommen. Bitte in diesem Fall keine Geräusch-Mittel anwenden, weil sonst der unschuldige Hund mitgestraft werden würde.

Häusliche Regeln für allzu freche Hunde

Wenn's zwischen Hund und Katze Funken regnet, dann beginnen Sie mit der Disziplinierung des Hundes, weil er es ist, der der Katze schlimme oder gar tödliche Verletzungen zufügen kann. Das Umerziehen unartiger Hunde beginnt nicht draußen, oh nein... sondern schon im häuslichen Umfeld, wo sich einiges ändern muss, damit Wuffi begreift, dass er nicht der Boss ist. Hunde lesen auch uns. Wenn Sie nicht gehorchen wollen, dann liegt das oft an unserem Verhalten, das dazu beiträgt, dass uns Hunde keine Führungskompetenz zugestehen. Nachstehende Tipps helfen garantiert, die Schieflage in der Hierarchie etwas gerade zu rücken. Empfindsame und sehr hundeverliebte Menschen müssen ja nicht gleich alle Regeln einführen. Ein paar davon, für den Anfang, genügen schon. Allen voran: Hunde halten uns für ziemliche Pfeifen, wenn wir ihnen von unserer Essensportion etwas abgeben. Fangen Sie also am besten damit an, respektive, hören Sie damit auf.

GUT ZU WISSEN:

- Nichts vom eigenen Essen abgeben!
- Der Mensch startet alle Aktionen: Streicheln und Spiel. Jegliche Kontaktaufnahme durch den Hund ist zu ignorieren.
- Den Hund öfters heranrufen und loben.
- Den Hund nicht im Wege herumliegen lassen; an Engpässen nicht vorausgehen lassen.
- Auf Einhaltung der Individualdistanz des Menschen bestehen. Ihm keine erhöhten Plätze genehmigen, ihn nicht im Bett oder gar auf dem Körper des Menschen liegen lassen.
- Bestimmte Räume im Haus (z.B. Schlafzimmer) verbieten.
- Mit dominanten, starken Rassen keine Zerrspiele veranstalten und zu wildes Spiel sofort abbrechen (auch bei der Katze).
- Den Hund viel öfters ignorieren.

Häusliche Regeln für freche Katzen

Schränken Sie den Bewegungsspielraum der Katze drastisch ein, reduzieren sie ihn auf ein Zimmer mit Balkon oder Sonnenterrasse. Verschließen Sie die Tür, die Sie innen mit Alufolie beziehen. Keine Katze scharrt gerne an Alufolie. Richten Sie der Katze in diesem Zimmer einen schönen Spielplatz (mit Kartons, Kissen, Höhlen, Kletterbäumen usw.) ein und lassen Sie sie keinesfalls mehr in die restliche Wohnung; natürlich muss die Katzentoilette jederzeit zugänglich sein.

Leinenführigkeit beim Hund

Die Evolution hat es noch nicht geschafft, Hunden genetisch mitzugeben, dass sie brav an der Leine laufen sollen. Die meisten mögen das ungewohnte Gängelband nicht. Hunde ziehen deshalb wie die Gespannochsen, um sich aus der unliebsamen Situation zu befreien. Das Wort „Fuß" hat für sie zunächst überhaupt keine Bedeutung. Es macht also wenig Sinn, den Wedler mit dem Befehl „Fuß!" anzubrüllen. Der Hund muss erst lernen, was das Kommando Fuß heißt. Gehen Sie also nicht mal schnell irgendwohin und nehmen den Hund mit, sondern gehen Sie nur und ausschließlich mit dem Hund raus, um die Leinenführigkeit zu trainieren. Also, los geht's! Und schon ist Fiffi voraus und zieht. Kehren Sie wortlos um, nochmals einen Richtungswechsel, und noch einen, und wieder umkehren.... Wann immer Fiffi vorausrennt, wechseln sie die Richtung. In der Sekunde, in der die Leine locker hängt und Fiffi an Ihrer Seite ist, sagen Sie „Feiiiin!". („Fein" wird später durch „Fuß" ersetzt).

Der langen Rede kurzer Sinn. Immer, wenn die Leine straff ist, steht der Treck. Ist die Leine locker, dann gibt's ein Lob, ein Leckerchen und ein paar Schritte in Richtung Hundewiese. Es kann schon 100 Versuche kosten, bis es klappt. Mit Halti (dem Kopfhalfter) geht es schneller. Das Geschirr gibt es im Zoofachhandel. Aber bitte: Halti ist kein Führgeschirr, sondern nur zur Korrektur da. Den Gebrauch und das Gewöhnen des Hundes an das Geschirr sollte man sich deshalb unbedingt von einer/m guten Hunde-Trainer/in erklären lassen.

Leinenführigkeit bei der Katze

Katzen lassen sich zu nichts zwingen. Das werden sie feststellen, wenn Sie mit Kitti wie mit einem Hund spazieren gehen möchten. Bleiben Sie lieber passiv und folgen Sie den Pfaden der Katze. Sie werden sehen, wie sich die Sinne für die kleinen Farben, Formen und Düfte der Natur öffnen. Wie schön es ist, leise und langsam durch die Gegend zu streifen, innezuhalten in der Hektik unserer Zeit. Mehr als 100 Meter wird sich die Katze ungern vom Haus entfernen wollen, weil sie dann bestimmt in die Reviere anderer Katzen vordringt, und sie weiß: Das könnte Ärger geben.

Katze geht nicht an den Kratzbaum

Wenn die Katze ungeeignete Stellen aufsucht, machen Sie diese unattraktiv: Beziehen Sie sie mit Plastik oder Alufolie, stellen Sie den Kratzbaum in die Nähe der bevorzugten Stellen und loben und belohnen Sie die Katze mit Ihrem Lieblings-Leckerchen und mit Streicheleinheiten, wenn sie an den Kratzbaum geht, wenn nicht bevorzugen Sie die harte Tour: Erschrecken Sie die Katze mit der Blumenspritze, mit einem gefauchten lauten „Nein“ oder mit einem scheppernden Topfdeckel, aber wirklich nur, wenn Sie sie auf frischer Tat ertappen. Beachten Sie bitte, dass Katzen so ihr Revier markieren. Stellen Sie den Kratzbaum also unbedingt an „strategisch“ wichtigen „Kreuzungen“ auf.

» Hinauf kommen sie locker, aber herunter kommen nur erfahrene Katzen. Erst wenn sie begriffen haben, dass das Hinterteil vorangeht, dann erreichen sie wieder festen Boden.

Katze will ins Schlafzimmer

Haben Sie kein schlechtes Gewissen, wenn sie Kitty aussperren. Schließlich brauchen Sie Ruhe, denn Sie verdienen ja tagsüber das Katzenfutter. Katzen können hartnäckig sein, wenn es um ihre Annehmlichkeiten geht. Seien Sie also erfinderisch, vor allem aber unerbittlich, denn: Einmal nachgeben heißt immer nachgeben. Verschließen Sie die Schlafzimmertüre. Bekleben Sie die Außenseite mit Alufolie oder mit sonst einer kratzresistenten Schicht. Kaufen Sie sich im Baumarkt einen oder zwei Bewegungsmelder. Das kann beispielsweise ein Plastikfrosch sein, der quakt. Bedenken Sie bitte: Katzen sind nachtaktive Tiere, die eigentlich keine Lust haben, die schönste Zeit zu verschlafen. Es

» **Katzen interessieren sich tierisch für Schlafhöhlen, kuschelige Körbchen oder sich bewegende Dinge. Computer-Mäuse gehören nicht ins Beuteschema, aber vielleicht kann man ja ganz gut damit spielen?**

ist völlig normal, wenn sie nachts rumoren. Wenn Ihnen Ihre Nachtruhe also lieb ist, sollten Sie vor dem Zubettgehen viel mit der Katze spielen und sie auf jeden Fall aus dem Schlafzimmer verbannen.

Katze steigt auf den Esstisch

Wenn Sie die Samtpfote auf Abwegen dabei beobachten, dann fauchen Sie sie zunächst einmal heftigst an, notfalls greifen Sie zur Blumenspritze oder zum Topfdeckel, wie beschrieben. Konsequenz und deutlich gezeigte Verärgerung sollte nachhaltig wirken. Steigt der heimliche Eroberer aber in Ihrer Abwesenheit auf ihr Heiligstes, dann bauen Sie rund um die Tischkante eine Barrikade aus leeren Konservendosen auf, möglichst noch zwei Schichten übereinander, die scheppernd herunterfallen, wenn die Katze hochspringt. Der Schreck, den sie bekommt, wirkt bestimmt – wenn nicht für die Ewigkeit so doch für eine ganze Weile.

Der Hund bleibt nicht auf seinem Platz

Den jungen Hund auf seinen Platz zu schicken, ist ganz einfach. Da er dazu neigt, Beute „ins Nest" einzutragen, brauchen Sie ihm nur etwas zu schenken und die Worte „Auf den Platz!" zu sagen. Sobald er dort liegt, wo er soll, wird er ausgiebig gelobt und belohnt. Auch erwachsene Hunde tragen manchmal ins Nest ein aber nicht immer. Diejenigen, die es nicht tun, lernen den Platzbefehl, indem man sich selbst auf den Boden setzt, die Beine anwinkelt und den Hund mit einem Spielzeug unter den Beinen durchlockt. Sobald der Hundebauch auf den Boden berührt, wird gelobt und belohnt. Die Übung findet dann auf dem Hundebett statt. Hat der Hund begriffen, was das Wort „Platz" bedeutet, und gemeinsam mit Ihnen fleißig geübt, wird er auf seinen Platz geschickt. Hier wird natürlich wieder gelobt und belohnt, sobald er liegt… Und nun kommt der Befehl „Bleib!": Indem man ihm die ausgestreckte Hand mit gespreizten Fingern wie eine Sperre entgegenhält. Zuerst entfernen Sie sich nur ein paar Zentimeter, dann einen halben Meter, dann einen ganzen… und so weiter. Entfernen Sie sich aber zu Beginn der Übung nie weiter als ein paar Schritte und beobachten Sie den Hund aus dem Augenwinkel heraus. Macht er Anstalten, aufzustehen, korrigieren Sie sofort, treten ein paar Schritte an ihn heran und sagen (strenger) „Nein! Platz und Bleib". Sehr hartnäckige Aufsteher müssen mit der Leine irgendwie fixiert werden. Stellen Sie am besten das Körbchen dort auf, wo so etwas möglich ist. Aufstehen sollte der Hund erst, wenn er das Zeichen dafür erhält.

Geruchskontrolle ist öfters angesagt bei Tieren, die vieles viel besser mit der Nase sehen als mit den Augen. »

Hund kommt nicht auf Zuruf

Was Ihr Problem im Stadtpark anlangt: Hunde dürfen niemals von der Leine, wenn sie nicht zuverlässig zurückkommen und wenn das Gelände sehr bald an Autostraßen endet. Deshalb: Mit der Schleppleine (20-30 Meter) so lange das Herkommen trainieren, bis es klappt. Das kann 100- bis 1000-mal dauern. Schneller geht es, wenn Sie zu Hause nicht füttern; alle Futterbrocken in einem Täschchen mitnehmen und den Hund fürs Herkommen belohnen. Später gibts dann nicht mehr bei jedem Herkommen etwas, sondern nur noch jedes dritte/vierte Mal, damit der Hund neugierig bleibt. Und: Wenn er besonders schnell herkommt, dann gibt es Köstliches.

Kommando „Pfui!“

Diese Wurst ist „Pfui!“ oder „Nein!“
Man lege ein Stück Wurst oder Ähnliches aus und bewache es streng. Will der Hund danach greifen, dann heißt es: „Nein!“. Erst wenn der Gegenstand mit „jetzt darfst du“ freigegeben wird und der Mensch sich vom Gegenstand entfernt, dann darf er es nehmen. Das Trainning des Kommandos „Pfui!“ funktioniert ebenso, nur dass dabei etwas genommen wird, das der Hund niemals, aber auch niemals, nehmen darf. Er bekommt dafür einen Ersatz. Diese beiden Worte sind sehr wichtig, um dem Hund zu sagen, was er soll und was nicht. Versuchen Sie das Ganze auch mit der Katze. Sie werden sehen, es ist gar nicht so schwierig.

Zwei wie Hund und Katz',
wer dieses Sprichwort erfand, der kennt sie nicht,
die vielen Haushalte, in denen Hund und Katze
friedlich miteinander leben, und das Leben ihrer
Menschen um eine unglaubliche Summe bereichern,
bestenfalls 15 Jahre und länger.

Bildnachweis:
Alle Bilder von Ulrike Schanz, außer wenn anders aufgeführt

B. Banduhn: Seite 14 links, 19 unten, 32, 47, 50, 60 links unten.
I. Francais: Seite 58 oben. **N. Heidbrink:** Seite 59 unten.
B. Meier: Seite 57. **H. Schiefer:** Seite 35.
C. Steimer: Seite 41, 59 oben. **R. Wald:** Seite 32.